存量垃圾土生态修复应用研究

张成梁　冯晶晶　赵廷宁　著

知识产权出版社
全国百佳图书出版单位

图书在版编目（CIP）数据

存量垃圾土生态修复应用研究／张成梁，冯晶晶，赵廷宁著.
—北京：知识产权出版社，2017.10
ISBN 978-7-5130-4893-4

Ⅰ.①存… Ⅱ.①张… ②冯… ③赵… Ⅲ.①垃圾处理
Ⅳ.①X705

中国版本图书馆 CIP 数据核字（2017）第 103796 号

内容提要

本书主要研究了存量垃圾土的特性，包括物理、化学及微生物等方面的特性，并进行了垃圾筛分土在矿山废弃地植被恢复中应用的适宜性评价，在此基础上研究了通过人工配制、压实等手段，构建基于师法自然生态修复理论的人工土体和植被恢复技术。本书可为环境保护、垃圾土应用、生态修复等领域的技术人员提供参考，也可供政府相关部门决策参考，还可供其他感兴趣的读者阅读。

责任编辑：张雪梅   责任校对：王 岩
封面设计：刘 伟   责任出版：刘译文

存量垃圾土生态修复应用研究

张成梁　冯晶晶　赵廷宁　著

出版发行	知识产权出版社有限责任公司	网　址：http://www.ipph.cn		
社　址	北京市海淀区气象路50号院	邮　编：100081		
责编电话	010-82000860 转 8171	责编邮箱：410746564@qq.com		
发行电话	010-82000860 转 8101/8102	发行传真：010-82000893/82005070/82000270		
印　刷	北京科信印刷有限公司	经　销：各大网上书店、新华书店及相关专业书店		
开　本	720mm×1000mm　1/16	印　张：12		
版　次	2017年10月第1版	印　次：2017年10月第1次印刷		
字　数	156千字	定　价：65.00元		
ISBN 978-7-5130-4893-4				

序

随着我国人口的不断增长，城市化进程的加快以及人民生活水平的不断提高，环境污染问题日渐突出，资源环境问题已成为制约我国经济社会可持续发展的重大问题。我国垃圾分类工作推进缓慢，垃圾处理水平低，全国垃圾堆存占地达到5亿平方米，"垃圾围城"的现象比比皆是。目前我国的垃圾处理方式主要有卫生填埋、焚烧处理和生化处理，其中填埋是最常用的垃圾处理手段。2015年，全国清运的生活垃圾无害化处理率为79%。

对此，党和政府高度重视，提出了建设生态文明、建设资源节约型与环境友好型社会等一系列新概念和新举措。国务院批转住房和城乡建设部等16部门《关于进一步加强城市生活垃圾处理工作意见的通知》，指出由于城镇化快速发展，城市生活垃圾激增，垃圾处理能力相对不足，一些城市面临"垃圾围城"的困境，要求各省、自治区、直辖市人民政府，国务院各部委、各直属机构充分认识加强城市生活垃圾处理的重要性和紧迫性，进一步统一思想，提高认识，全面落实各项政策措施，推进城市生活垃圾处理工作，创造良好的人居环境，促进城市可持续发展。

在《"十二五"全国城镇生活垃圾无害化处理设施建设规划》中，存量垃圾治理被首次写入建设任务，表明国家对存量垃圾整治工作的重视。"十二五"期间，全国预计将实施存量垃圾治理项目1882个，其中不达标生活垃圾处理设施改造项目503个，卫生填埋场封场项目802个，非正规生活垃圾堆放点治理项目577个。2012年，住房和城乡建设部、发展改革委、环境保护部联合发布了《关于开展存量生活垃圾治理工作的通知》，要求在全国范围内开展存量垃圾调查和治理工作，各地对存量垃圾治理工作制定计划。预计"十三五"期间国家将投入超过180亿元资金支持存量垃圾治理工作。

存量垃圾堆放点的治理是结合不同类型堆放场的规模、设施状况、场址地质构造、周边环境条件、修复后用途等特点选择治理技术方案。治理技术包括封场覆盖、输氧抽气、筛分减量处置等，处理过程中需做好填埋气、垃圾渗滤液等的控制，并通过采取鼓气通风、抽气、洒水等好氧填埋技术促进已填埋垃圾快速降解。在垃圾填埋量大、具有开发价值、土地资源紧缺或具有焚烧设施的地区，可对填埋场内的垃圾实施开挖利用，对其中的金属等可再生资源进行回收利用，富含养分的筛下物作绿化用土，高热值垃圾可进行焚烧处理，大粒径无机物垃圾进行回填。而开挖会产生大量的筛分腐殖土，目前由于存量垃圾治理工作在我国刚刚开始，对筛分出的存量垃圾土的利用途径和可行性尚在研究和确认中。

本书对存量垃圾土的理化和生物特性的分析表明，垃圾土是一种容重小、孔隙度大、渗透速率高、保水性强、抗剪强度低、富含有机质和氮、磷、钾等营养元素的类土体，各项污染物指标低于《土壤环境质量标准》二级或三级标准和《展览会用地土壤环境质量评价标准（暂行）》（HJ/T 350—2007）的限值要求。在此基础上，深入开展了垃圾土资源化利用的可行性研究。在以存量垃圾–石砾人工土构建矿山废弃地人工土体的思路下，充分研究了人工土的物理特性、水分特征、植物生长特性及植被构建技术，并开展了系列试验，通过机械压实等手段，对石砾含量较高的人工土进行物理结构调节，增加土壤孔隙率，提高土壤毛管水含量，以改善植物生长环境，恢复近自然植被。研究结果表明，存量垃圾土可以作为土壤资源，替代传统绿化用土应用于矿山废弃地生态修复（植被恢复）。

本书具有较强的学术性和实用性，可以说是我国开展存量垃圾治理工作不可多得、也是最新的资料文献，为推进我国存量垃圾治理工作提供了新的思路和有力的科技支撑。

前　言

伴随着经济的高速发展，城镇化速度加快，城市规模日益扩展，人口快速增加。与此同时，城市每天产生的大量垃圾给市民日常生活和环境带来了日益严重的负担，影响着自然环境，也威胁着社会和谐。在京津冀地区，老旧垃圾填埋场随城市的扩张而日益中心化，垃圾场与社会、环境的矛盾越来越突出。为了延长填埋场的使用寿命，安全、经济地处理城市垃圾，可将非正规生活垃圾堆放点和不达标的生活垃圾处理设施中的存量垃圾原地筛分，将富含腐殖质的垃圾土作为植物生长基质应用于工矿废弃地生态修复。

本书对存量垃圾土的物理、化学、生物特性进行了分析研究，评价了垃圾土资源化利用的可行性；将垃圾土与粗颗粒采石废弃物按照不同比例混合，配制成存量垃圾-石砾人工土，构建矿山废弃地人工土体；研究人工土的物理特性、水分特征、植物生长特性及植被构建技术；以师法自然理论为指导，针对粗粒土质地松散、漏水漏肥的特点，通过机械压实等手段，对石砾含量较高的人工土进行物理结构调节，增加土壤孔隙率，提高土壤毛管水含量，改善植物生长环境，恢复近自然植被。

研究表明：存量垃圾土可以作为土壤资源，替代传统绿化用土应用于矿山废弃地生态修复（植被恢复）。利用存量垃圾土配制矿山废弃地人工土，改良粗颗粒采石废弃物，构建矿区新土体，改善矿区迹地立地条件，促进植被恢复。在矿渣中添加存量垃圾土30%以上，矿山废弃地人工土的养分、水分、通气条件就可满足生态修复先锋植物的生长需要。当垃圾土体积含量低于该配比时，可通过机械压实措施，改善人工土的水分物理性质，提高植物生长适宜性。压实强度过大不利于植物生长，应依据人工土和植物特性决定压实强度，保持土壤适宜的土体密实度。

本书中开展的研究由国家重点研发计划课题"采煤迹地地形与新土体近自然构建技术研究"（编号2017YFC0504404）、林业公益性行业科研专项课题"建设工程损毁林地植被修复关键技术研究与示范"（编号200904030）资助。轻工业环境保护研究所荣立明在研究中给予了大力帮助，在基地实验中付出了辛勤的劳动，在此表示衷心的感谢。

由于作者学识水平所限，书中不足之处在所难免，恳请读者提出宝贵意见。

目　　录

序

前　言

第一章　概述 1

第一节　存量垃圾土简述 5

第二节　人工土简述 11

第三节　采石场迹地简述 13

第四节　压实的影响简述 16

第五节　研究目的与意义 20

第二章　研究区域概况 23

第三章　存量垃圾土的基本性质 27

第一节　物理性质 28

第二节　化学性质 36

第三节　半挥发性有机污染物 44

第四节　大肠菌群 57

第五节　垃圾土松散堆积体水分及径流特性 58

第六节　垃圾土与植物 64

第四章　存量垃圾−石砾人工土体的配制及基本特征 69

第一节　水分物理常数 71

第二节　抗剪强度 73

第三节　人工土体坡面径流特征 75

第四节　人工土含水量及时空特征 79

第五节　人工土蒸散特性 86

第六节　人工土与植被 91

第五章　压实人工土的构建及特征 95

第一节　压实人工土水分特征 98

第二节　压实人工土体蒸散特性 108

第三节　压实区植物生长情况 113

第四节　压实区植物空间分布特征 119

第六章　存量垃圾土配制喷播基材 127

第一节　添加剂对垃圾土抗剪强度的影响 128

　　第二节　垃圾土配制喷播基材方案设计 ………………… 131

　　第三节　喷播示范试验 ………………………………… 136

　　第四节　垃圾土配制喷播基材效益评价 ………………… 137

第七章　结论与展望 ………………………………………… 141

参考文献 …………………………………………………… 145

附录　垃圾填埋场治理和修复案例 ……………………… 173

第一章 概述

随着经济发展，城市人口增加，人们生活水平不断提高，生活垃圾越来越多。2005年以来，我国已成为世界上城市垃圾产量最多的国家。截至2011年年底，我国城市人口每天人均产生生活垃圾1kg，大城市达1.2kg，全国每年产生垃圾总量达1.58亿吨，并以每年4%的速度增长（Dong et al., 2014）。2015年，我国生活垃圾清运量为1.91亿吨，其中北京市为790.3万吨。

填埋是最常用的垃圾处理手段。根据《中国统计年鉴2016》，2015年，全国建有卫生填埋场640座，无害化处理能力为34.4万吨/日，总处理量为1.15亿吨，占无害化处理总量的63.7%。北京市建有卫生填埋场14座，无害化处理能力为8621吨/日，总处理量为325.8万吨，占无害化处理总量的52.3%。

然而，垃圾填埋场占用了大量宝贵的土地资源。据了解，北京城市垃圾填埋的成本高达1530.7元/吨，其中21.4%为土地成本（宋国君等，2015）。此外，我国于1997年发布《生活垃圾填埋污染控制标准》（GB 16889—1997），在此之前，由于缺乏相关法规支撑和约束，许多老填埋场在选址、设计、管理方面存在缺陷。北京市现有垃圾积存量在200吨以上的非正规垃圾填埋场1011个，累计堆存量8000万吨，占地1333.34万 m^2。由于缺少防渗措施和覆盖导气系统，非正规填埋场可能对大气、土壤、地下水造成严重污染（刘毅、李欣，2014；周晓萃等，2011）。

垃圾填埋场封场以后可以修复生态，作为市民的休闲娱乐场地（绿地）、野生动物的栖息地或作为农用地（Chen et al.，2016）。然而，对于非正规填埋场来说，垃圾渗沥液和甲烷等有毒气体的排放对土壤造成了污染，导致土壤的重金属含量和盐浓度增加；对于正规填埋场来说，防渗、压实和表土覆盖措施导致表层土壤紧实度增加、透气性和土壤含水量下降（Wong et al.，2016；Cassinari et al.，2015；Chen et al.，2016）。由此可见，无论非正规填埋场还是正规填埋场，其生态修复均需要特殊的技术手段。即使填埋场地经过修复后再利用，由于地价上涨，新建场地选址困难（Sonkamble et al.，2013），城市垃圾的处理问题仍然没有得到解决。由于实际的垃圾处理量远大于设计处理能力，设施超负荷率达44.6%，许多垃圾场超限堆放，全国城镇面临"垃圾围城"的问题。为了延长填埋场的使用寿命，安全、高效、经济地处理日益增长的城市垃圾，存量垃圾的资源化利用引起了人们的关注（Zhou et al.，2015）。

我国采石场主要分布在东部沿海经济发达地区，具有数量多、规模小、分布零散、布局不合理的特点（方华等，2006）。为了追求效益，缩小运输半径，采石场多选址于城市周边交通便利的地带，严重影响了市貌，对城市周边造成了一系列的环境问题（汤惠君、胡振琪，2004）。

北京市房山、门头沟、密云、延庆、怀柔等远郊区（县）矿产资源丰富，以煤矿、铁矿、石灰岩为主，为保护首都生态环境，北京市实施了政策性停产。截至2006年8月，北京市关停废弃矿山共1142处，面积总计5973.3hm²，其中采石场451处，面积总计2846.7hm²（逯进生，2008），分布在昌平、房山、丰台、海淀、怀柔、门头沟、密云、平谷、顺义、延庆10个区（县），其中房山区采石场面积最大，占北京市采石场总面积的62%（图1-1）。

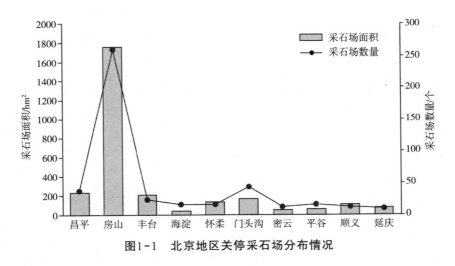

图1-1 北京地区关停采石场分布情况

采石作业对地表植被、土壤、母质层造成破坏，采石场迹地土壤贫瘠、土层薄、漏水漏肥，土壤种子库遭到破坏，植被的自然恢复非常缓慢，损毁土地的植被修复必须从土壤或母质层的修复和植物生境的构建着手。"十一五"期间，主要采取"客土法"修复地表基质，工程费用主要用于购买"种植土"，约占总工程投入量的50%。"客土"主要来自于附近的山地地表土和耕地土壤。许多矿山恢复工程虽然修复了矿山迹地，但是破坏了其他地方的地表土，甚至损毁了耕地，实际上造成了二次生态环境破坏。

人工土是人为配制的植物生长基质。尽管人工土的来源和形成过程与自然土壤截然不同，但通过人为调整配方，人工土能够获得与自然土壤类似的物理、化学和生物特性，完成特定的生态功能（Hafeez et al., 2012）。近年来，为了节约土地和土壤资源，不同类型的产业和生活废弃物被用来生产人工土。

存量垃圾主要为堆放于非正规生活垃圾堆放点和不达标的生活垃圾处理设施中的生活垃圾。存量垃圾土是通过筛分得到的、在微生物作用下稳定化的部分存量垃圾，其中富含有机质和植物生长所需的多种营养元素，能够支持植物生长，改良土壤理化性质。因此，可以利用存量垃圾土配制人工土，运用于采石场迹地等退化污染场地的生态修复，改善立地条件。通过垃圾土的资源化利用，降低植被修复成本，保护土地与植被资源，符合近年来我国大力倡导的循环经济理念。填埋场腾出库容后，将按照正规垃圾填埋场标准改造，不但能够填埋新垃圾，也能够大幅提高填埋场处理垃圾的效率，解决城市垃圾问题。

垃圾土的组成成分具有地域上的差异性，与城市发展水平有关。我国垃圾分类回收系统不完备，城市垃圾组成复杂，其中的重金属、有机污染物、病原菌等可能对地下水和土壤造成污染。在存量垃圾的开采、筛分和运输过程中，其结构必然遭到破坏。存量垃圾土的结构松散、压缩性高、结构不稳定，在使用过程中可能会造成水土流失或带来其他安全隐患。针对上述问题，笔者将测定垃圾土的化学成分、半挥发性有机污染物浓度、大肠菌群数量，测定垃圾土的机械组成、孔隙度、渗透性、持水性、抗剪强度等物理性质，研究垃圾土松散堆积体的水分动态特征、产流产沙特性，观测垃圾土浸提液处理下植物种子萌发及垃圾土种植幼苗生长状况。

采石场迹地遗留了大量的采石废弃物，这些松散堆积的弃渣石往往质地粗大、结构松散、漏水漏肥，直接种植植物难以成活。将垃圾土运用于采石场迹地植被修复时，要同时解决废弃渣石的处理问题。将垃圾土与石砾相结合，配制成存量垃圾-石砾人工土，能够同时解决存量垃圾处理、采石场废弃物处理及采石场迹地植被修复三个环境问题。笔者将通过调节垃圾土与石砾配比及采用两种不同程度的机械压实方法，调节人工土的水分物理特性，对不同配比及不同压实度下人工土的水分时空分布特征、坡面径流特征、蒸散特性及植物生长适宜性作进一步研究。

第一节　存量垃圾土简述

1. 城市垃圾

存量垃圾主要来源于城市垃圾。城市垃圾是指工矿企业、商店和城市居民丢弃的工业废弃物、建筑废弃物和生活废弃物。工业废弃物来自工厂生产过程，包括金属、废木料、纸张、塑料等。建筑废弃物是指建设、施工单位新建、改建、扩建和拆除各类建筑物、构筑物、管网等以及居民装饰装修房屋过程中产生的弃土、弃料及其他废弃物，主要由砖块、混凝土块、碎瓷砖、碎玻璃、废木料、渣土等组成（杨德志、张雄，2006）。生活废弃物主要由厨余垃圾、纸张、塑料、金属等组成。日本将废弃物分为一般废弃物和产业废弃物，一般废弃物包括家庭生活垃圾、办公室及饮食店产生的垃圾，产业废弃物包括焚烧残渣、下水道淤泥、废油、废碱、塑料、纸屑、木料、纤维屑、动植物加工残渣、废橡胶、废金属、玻璃及陶瓷碎片、矿渣、瓦砾、动物粪尿、动物尸体、煤尘等（简文星，2002）。

资源化利用城市垃圾的理念可以追溯至1979年（Filip & Küster，1979）。目前，城市垃圾被广泛运用于工矿企业污染场地修复和土壤基质改良。城市垃圾可以作为矿区塌陷区、采空区的填料（李雨芯、邱媛媛，2008），作为表土替代物覆盖（束文圣、蓝崇钰，1996）或配制成添加剂、土壤改良剂、有机复合肥。卞正富和张国良（1999）直接将煤矸石回填并种植紫穗槐和牧草，有效提高了土壤速效氮、磷、钾和有机质含量，使土壤适合耕作。研究表明，粉煤灰、淤泥、污泥等城市垃圾能够提供植物生长所需的营养成分，增加团聚体和腐殖酸的含量，降低土壤容重，增加土壤孔隙度，提高土壤微生物的数量和酶活性，改良土壤理化性质，促进植物生长（汪彪，2010；黄岗等，2008；刘勃等，2007；周学武等，2005；申俊峰等，2004；张万钧等，2002；Guerrero et al.，2001）。建筑垃圾如碎石块、渣土等虽然养分含量较低，但按比例加入种植土后，可以改善土壤的物理性质（李广清，2010）。研究表明，混合多种固体废弃物能够平衡其质地、酸碱度、化学成分、微生物活性等性质的不平衡（牛花朋等，2006）。

另一方面，城市垃圾可能含有过量的砷、镉、铬、汞、铅、铜、锌、镍等重金属（董刚等，2011）。这些重金属可能滞留在土壤中，被植物吸收，进入食物链或随土壤水的运动进入地下水。

砷、镉、铬、汞、铅不是植物生长不可或缺的元素，铜、锌、镍尽管是植物生长不可或缺的元素，但过量积累会产生毒害作用。重金属的积累会影响植物体内光合过程中的电子传递和破坏叶绿体的完整性，诱导脂质过氧化，破坏细胞内自由基产生和清除之间的平衡，导致大量的活性氧自由基产生，引发膜中不饱和脂肪酸产生过氧化反应，破坏膜结构和功能。重金属还可能引起植物可溶性碳水化合物、叶绿素含量、酶和蛋白质活性等发生改变，影响植物细胞的生理过程。使用城市垃圾改良土壤，可能使土壤重金属含量改变（闫治斌等，2011；黄岗等，2008），必须坚持定期监测。城市垃圾可以与生物量大、重金属吸收能力强的超量积累植物配套使用，一些土壤添加剂能够进一步提高植物对重金属的吸收量（袁敏等，2005）。城市垃圾还可能含有病原菌和有机污染物（邹绍文等，2005）。

2. 矿化垃圾

矿化垃圾是从封场多年的垃圾填埋场挖掘、筛分出来的陈年垃圾（龙焰等，2007），是一种生物质炭（袁金华、徐仁扣，2011），其来源主要是城市垃圾。同济大学赵由才课题组从1992年开始填埋场垃圾稳定化的研究，首次提出了矿化垃圾这一名词，李华（2000）、张华（2004）、赵由才等（2006）发展、完善了矿化垃圾的基本概念。研究表明，填埋场封场数年（上海市8～10年，北方地区10～15年甚至更久），垃圾自然产生的渗滤液和气体极少，垃圾中可生物降解物质的质量分数小于3%，渗滤液中化学需氧量的质量浓度降至25mg/L以下，这样的垃圾称为矿化垃圾（赵由才等，2006）。袁光钰等（2000）对北京市海淀区4个年代不同的典型垃圾填埋场连续取样检测分析，确定北京垃圾填埋场稳定周期在10年左右。

矿化垃圾在外观上不具有原始垃圾的特征，除了大块塑料、碎玻璃、石子、块状竹木、动物骨头等大颗粒无机物和难降解有机物之外，其余为黑色、分散、颗粒比较均匀的土壤类细粒。研究表明，矿化垃圾细粒的质量分数随填埋年限的增加而增加（李雄等，2006），经过40mm筛筛分出来的矿化垃圾细料的物理结构和水力学性能类似沙质土壤，在有机质、总氮、总磷含量、阳离子交换量等化学性质上类似肥沃土壤。矿化垃圾中锌、砷、铅、镉、铬的浸出质量浓度符合国家Ⅰ类水质标准，适用于源头水、国家自然保护区；铜的浸出质量浓度符合国家Ⅱ类水质标准。矿化垃圾中不含有O型口蹄疫病毒、致病性大肠杆菌、沙门氏菌、链球菌和金黄色葡萄糖球菌等有害病原菌和细菌。

矿化垃圾无论在来源、产生过程及产物性质上，均与城市垃圾堆肥具有可比性。堆肥是利用微生物的生物化学反应，将复杂的有机物降解为类似土壤腐殖质物质的处理方法。尽管我国通过堆肥处理的城市垃圾仅占总量的1.8%（Dong et al., 2014），城市垃圾堆肥是一种发展比较成熟的土壤改良产品（Hargreaves et al., 2008；Crecchio et al., 2001；Guerrero et al., 2001）。将城市垃圾堆肥投入农地，促进作物生产，已有数十年的历史（Lisk et al., 1992）。

如图1-2所示，矿化垃圾和城市垃圾堆肥都来源或主要来源于城市垃圾，经过微生物分解作用产生。从成品性质来讲，矿化垃圾和城市垃圾堆肥都是结构松散，含有丰富的有机质、营养元素，不含有害微生物，含有一定重金属的类土体。然而，矿化垃圾的来源和生产过程的差异性导致成品性质与城市垃圾堆肥具有区别。由于垃圾填埋场中碳源过剩，氮、磷不足，分解反应时间长，主要为厌氧分解，分解温度及水分含量变动大（Song et al., 2015），并产生含盐量高、有较高氨氮浓度的渗沥液，矿化垃圾中的有机质及大部分营养元素含量均低于城市垃圾堆肥，但仍然高于一般的耕作土，可以直接种植植物或与其他成分混合制作植物生长基质。

目前，矿化垃圾被资源化利用在废水及废气处理、覆土土壤、建筑材料等方面（王敏和赵由才，2004）。利用矿化垃圾作为植物生长基质的试验取得了良好的成果（赵由才等，2004）。赵由才等（2000）认为，矿化垃圾是无害的，可以安全开采和利用，填埋场是生活垃圾的中转处理场所，而不是最终归宿。

3. 存量垃圾

无害化处理是城市垃圾的末端处置技术，处置过程中或处置结束后，城市垃圾对环境不产生或尽可能少地产生污染。城市垃圾主要通过填埋、焚烧两种方式处理。2015年，我国通过卫生填埋、焚烧处理的城市生活垃圾分别占无害化处理总量的63.7%和34.3%，北京市通过卫生填埋、焚烧处理的城市生活垃圾分别占无害化处理总量的52.3%

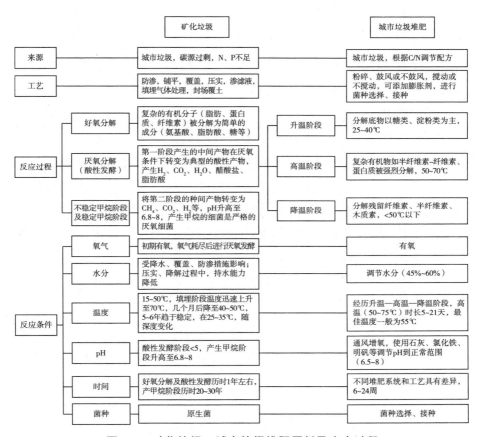

图1-2　矿化垃圾、城市垃圾堆肥原料及生产过程

注：根据Song et al.（2015），杨慧芬、张强（2013），薛强、刘磊（2012），李季、彭生平（2005）的研究整理。

和33.6%，城市生活垃圾处理依然以填埋为主。

1997年，我国首次发布《生活垃圾填埋污染控制标准》（GB 16889－1997），2008年被《生活垃圾填埋场污染控制标准》（GB 16889－2008）取代。除此之外，与城市垃圾填埋及填埋场相关的国家和行业标准有《生活垃圾填埋场环境监测技术要求》（GB/T 18772－2008）、《生活垃圾卫生填埋技术规范》（CJJ 17－2004）、《生活垃圾卫生填埋技术规范》（CJJ 112—2007）和《生活垃圾卫生填埋场运行维护技术规程》（CJJ 93—2011）等。

　　卫生填埋是采取防渗、压实、覆盖以及气体、渗滤液治理等环境保护措施的垃圾填埋方法。根据《生活垃圾卫生填埋技术规范》，与卫生填埋相对的垃圾堆填处理方式是简易垃圾填埋和垃圾堆放。简易填埋场是指在建设初期未按卫生填埋场的标准设计及建设，没有采取严格的工程防渗措施，渗沥液未被收集处理，沼气未被疏导或疏导程度不够，垃圾表面不作全面覆盖处理的垃圾填埋场。垃圾堆放场是指利用自然形成或人工挖掘而成的坑穴、河道等可能利用的场地把垃圾集中堆放，一般不采用任何措施防治堆放污染物扩散与迁移，填埋气体及其他污染物无序排放，垃圾表面不作覆盖处理的场地。由此看来，简易填埋场和垃圾堆放场的概念与非正规垃圾场的概念是一致的。

　　非正规垃圾场是指没有合法的政府批复手续，没有符合国家标准的设计、建设资料，没有符合国家环境保护要求的运行管理措施的垃圾场。2012年，在住房和城乡建设部、国家发展改革委、环境保护部《关于开展存量生活垃圾治理工作的通知》中，非正规生活垃圾堆放点和不达标生活垃圾处理设施被统称为"存量垃圾场"。但是"存量垃圾"概念的提出早于"存量垃圾场"概念，来源于2011年国务院批转的《关于进一步加强城市生活垃圾处理工作的意见》第十二条"加强存量治理"。2012年，国务院办公厅印发《"十二五"全国城镇生活垃圾无害化处理设施建设规划》，再次使用了"存量治理"这个概念。可见，在我国，存量垃圾特指堆放于非正规生活垃圾堆放点和不达标的生活垃圾处理设施中的生活垃圾。

　　存量垃圾的治理方法主要有规范封场、好氧修复、开挖筛分（运转）三种（曹丽等，2016）。规范封场技术是覆盖封场、保持堆体厌氧环境的方法，主要工艺包括堆体整形、渗沥液和填埋气排导、防渗、覆盖等。规范封场技术是我国目前应用最多的老填埋场修复技术。好氧修复是以好氧生物反应器为核心的垃圾填埋场治理技术，主要工艺包括在填埋堆体中埋设注气井、注液井，使用高压风机注入新鲜空气，抽出二氧化碳，控制温度，收集、回注渗沥液，从而促进垃圾中的微生物再生，加速垃圾场场地稳定。开挖筛分（运转）是将垃圾挖出后筛分处理或运至其他填埋场回填的方法，主要工序包括挖掘、筛选、回填、外运等。

由于没有封闭垃圾堆体的隔离措施，没有内部的水体循环过程，填埋体内的垃圾降解速度十分缓慢。原地筛分处置是将存量垃圾根据不同粒径分离并处理的方法。通过筛分，存量垃圾中经过微生物作用稳定化的富含腐殖质的类土体与未降解或难以降解的废弃物分离开来，即存量垃圾土。存量垃圾土的理化性质与矿化垃圾十分类似。在1997年《生活垃圾填埋污染控制标准》发布以前建设的老垃圾填埋厂，由于缺乏相关法规支撑和约束，在选址、设计、管理方面通常存在缺陷，为存量垃圾厂，因此大多数矿化垃圾同时也是存量垃圾。存量垃圾土、矿化垃圾、陈垃圾是内涵相近的概念，在一些情况下被互换使用。

第二节　人工土简述

土壤是指含有矿物质、有机质、水分、空气和生物有机体的地球表层物质，影响土壤生成发展和决定土壤性质的五个主要因素包括母质、生物、气候、地形及成土的年龄。然而，随着人类的进步和科技的发展，人类行为正在对土壤性质产生越来越大的影响。在建筑工程中，将人类活动堆填形成的土壤称为人工填土，以区别于天然土。根据组成和成因，人工填土分为素填土、压实填土、杂填土和冲填土四个亚类。我国将自然土壤经人类活动的影响改变了原来成土过程而获得新特性的土壤定义为人为土,包括水稻土、灌淤土等。然而,人工填土和人为土都有别于农林业及环境科学中常用的人工土。

人工土通常是指人类根据特定的目的配制而成的植物生长基质,例如屋顶绿化中使用蛭石、珍珠岩、泥炭、浮石等材料配制而成的轻质培养土,或添加了保水剂、黏合剂、复合肥、土壤结构改良剂、固化剂等成分的陡坡喷播基质(宋媛媛等,2015)。《资源环境法词典》将"人造土"解释为:"用某些废弃物与有机材料研磨混合而成的培养土,比重小、无污染、性能良好,可以完全取代自然土壤栽培植物。"该解释反映了近年来固体废弃物已经成为人工土的重要组成部分这一事实,但没有考虑自然土壤同样可以是人工土的原料之一,其中包括熟化土壤、未经耕作熟化的深层土壤和外源土壤。

由于自然土壤难以再生,大量取用自然土壤可能造成取土地区的环境破坏,人们越来越多地使用固体废弃物代替自然土壤。常用的废弃物包括生活垃圾、城市污泥、牲畜粪便、草炭、磷矿粉、燃煤炉渣、粉煤灰、渣土石、煤矸石等,根据不同废弃物的物理、化学、生物特性和具体的应用条件,可配制成自然土壤的替代物,即人工土(Lukić et al., 2016;Chen et al., 2014)。尽管人工土已经广泛运用于生态修复,在我国尚未有被普遍接受的明确定义。

关于利用存量垃圾或垃圾土配制人工土的研究,国内外已有相关的报道。研究的基本思路是将存量垃圾与其他栽培基质按照一定的比例混合,以减轻存量垃圾中重金属对植物可能造成的危害,同时促进植物对存量垃圾中营养成分的吸收。邵林海等(2004)的研究表明,在土壤中混入存量垃圾后对于草籽前期发芽不利,但是当垃圾含量低于1/3时,植物发芽率及生长量有所提高。曾峰海等(2007)将存量垃圾与土壤按照5种比例混合配制成人工土,研究表明,存量垃圾质量分数为25%时草坪草的生长最佳。袁雯等(2008)将存量垃圾与土壤按照不同比例混合,研究存量垃圾在绿化中施用的比例,结果表明存量垃圾质量分数为50%时，对辣椒、一串红、长春花和千日红等园林植物的生长最为有利。

从存量垃圾土在绿化中应用的研究结果来看，目前关于垃圾土配制人工土实际应用的研究，无论盆栽试验还是野外大田试验，研究成果均较少，试验栽植选用的乔木、灌木、草本植物品种较少，植物生长反应及观测时间短，数据可靠性较低，未能提出适合不同立地条件、不同植物品种的垃圾土施用量。

第三节　采石场迹地简述

1. 采石场迹地的立地条件

石矿包括用于建筑、铺路、回填的石料矿产，用于装饰、雕塑的普通石材矿产，以及用于烧制石灰、水泥、砖瓦的原料矿产。采石场主要分为两种类型：一种是以生产白垩、石灰岩为主的石灰质采石场（图1-3），另一种是以生产粗砂岩、板岩、花岗岩为主的酸性岩采石场（Hodgson，1982）。在城市化进程中，城镇的基础设施建设和国家重点工程相继开工，对石材的需求量急剧增加。为了满足城镇建设的需要，采石行业迅速发展。

一般来说，开采后的石场由石壁、采石坑、排渣场和储运平台四部分组成，采石坑、排渣场和储运平台统称为采石场迹地或采石迹地。采石坑是矿石开采时随着采石面不断推进形成的深坑，由于地势低洼，地表径流夹带着泥沙、碎石从四周流入，沉积成土。排渣场是由剥离的表土及开采过程中产生的碎石混合而成的松散堆积体，极易被雨水侵蚀，形成深浅、大小不等的侵蚀沟（束文圣等，2003）。采石坑和排渣场土、石混杂，土壤结构性差，保水能力低，土壤养分匮乏。储运平台是矿石存放、加工和运输的平台，地形平整，土地坚硬，几乎没有松散的基质。

图1-3　北京房山区某石灰质采石场

由于立地条件困难，采石场迹地的自然演替十分缓慢，演替初期以一年生杂草为主，植被覆盖度不稳定，裸露的地表在风力、水力、重力的作用下容易发生侵蚀，使立地条件进一步恶化。在我国南方，废弃采石场自发地从蕨类群落演替到乔灌木群落需要8～10年，灌木群落自发地演替到乔木群落需要20年（Duan et al., 2008）。Yuan等（2006）的研究表明，废弃采石场经过7年的时间能够自发地从一年生草本群落演替到耐旱灌木群落。袁剑刚等（2005）的研究表明，在珠江三角洲地区，采石场石壁经过3～6年的自然恢复后能够逐步形成稀疏、丛状分布的草本植物群落，自然恢复5年后开始出现耐旱阳性灌木。Novák和Prach（2003）的研究表明，玄武岩矿经过20年的时间能够恢复到近自然的状态，在不同气候条件和邻近植被环境下，形成草本、灌木或乔木群落。

2. 采石场迹地生态修复

采石场的生态修复是指采石场完成或被终止采石功能之后的生态修复。最近30年，采石场的生态修复工作才在工业先进国家受到重视（方华等，2006）。我国在1988年出台了《土地复垦规定》，其中明确规定，因在开采矿产资源、烧制砖瓦、燃煤发电等生产活动中造成破坏和废弃的土地，应按照"谁破坏、谁复垦"的原则，采取措施，使其恢复到可供利用的状态。此后，采石场废弃地的生态修复工作步入了法治轨道，采石场废弃地修复的速度和质量都有了较大的提高。

采石场迹地要恢复为开采前的状态，可能性微乎其微。然而，采石场的生态修复是以改善生态环境和自然景观为目标，修复生态系统必要的结构和功能，有效地重建被破坏的景观，营造新的景观（陈为旭等，2010；陈波、包志毅，2003），而并非把开采坑口恢复为农业用地或恢复到原初的状态。根据不同地区的自然特色，采石场迹地可以与周围的生态系统结合起来，改造成生态公园，为公众提供娱乐场所，为野生动物提供栖息地和保护场所，采石场迹地还可能形成濒危动植物物种适应的特殊生境（Novák & Prach, 2003）。要达到这些改造目标，首先必须解决开山采矿引起的地表塌陷、崩塌、滑坡、泥石流等问题，处理集中堆存的废土石、尾矿库内的尾矿渣及生活垃圾，对场地建设造成的地表植被破坏及水土流失予以修复治理。

Coppin（1982）将采石场生态修复措施分为工程措施和植物措施，工程措施是排除安全隐患、改善立地条件、促进植物生长的基础，植物措施是防止水土流失、改良土壤理化性质、塑造景观的重要手段。王定胜（2011）和方华等（2006）总结了主要的生态修复手段，包括废弃渣石的资源化利用、表土剥离存储、土壤改良、客土、植物种筛选等。废弃渣石可以作为建筑和回填的材料。石渣覆盖的地表不能直接种植植物，一般采用客土的方法。采用大穴、大苗和带营养钵移栽的方法栽植植物，如开挖困难可用块石围高。回填土厚度与选用的植物有关，可通过添加保水剂、生根粉和复合缓效肥等措施改良土壤的理化性质，并覆盖保墒。陡坡可以采用人工降坡，再喷播。采石场迹地修复植物种应选择乡土物种，耐旱、耐贫瘠、生长迅速的先锋植物种及具有改良土壤能力的固氮物种，要结合当地的景观要求和目标植被群落的特点选择，并根据立地条件和植物的生态学特征组合配置（李丹雄等，2015；田佳等，2008）。

第四节　压实的影响简述

1. 压实对土壤理化性质的影响

压实是单位体积土壤质量增加的物理过程。衡量土壤压实程度的常用指标包括容重和紧实度。容重是单位体积的干土质量；紧实度是单位底面积上的穿透压力，通常用圆锥硬度计测量。

刘光崧（1997）将土壤紧实度（坚实度）定义为柱塞或锥体插入土壤时与垂直压力相当的土壤阻力。然而，硬度计测得的紧实度不等于植物根系的生长受到的阻力。根系生长没有固定的方向，植物根系的直径大小也不同。由于根系生长缓慢，土壤含水量变化会导致土体紧实度呈现差异。一般来说，紧实度随含水量增加而下降，但干旱可能导致土体破裂，局部降低紧实度。此外，根系的分泌物能够减小摩擦阻力。因此，硬度计测得的紧实度大于植物生长必须克服的土壤阻力，前者是后者的2~8倍（Whitmore et al., 2011；Whalley et al., 2008；Vocanson et al., 2006；Zou et al., 2001；Bengough et al., 1997；Shierlaw & Alston, 1984）。

压实的效果受土壤级配、质地、有机质含量、含水量、植物、预压等因素影响（Omotosho, 2004；Karlaganis, 2001）。一般来说，与匀质土壤相比，级配均匀的土壤受碾压的影响较大（Bement & Selby, 1997）；与沙质土壤相比，黏土受碾压的影响较大（Ampoorter et al., 2012）；与干土相比，湿土受碾压的影响较大。由于土壤含水量不同，且作用力随土壤深度增加而减小（Agrawal et al., 1987），压实土体在水平、垂直方向上具有异质性（Timofeeva & Geizen, 1977）。

压实减小了单位质量土壤的体积，增大了土壤容重，减小了总孔隙度，改变了通气状况，影响水分、养分的含量和可获得性。压实降低了初渗速率和稳渗速率（Sharrow, 2007），因此减少了水分的输入，但由于改变了孔隙的大小和连通性，土壤持水能力增强（杨金玲等，2006），重力水的渗漏损失减少。压实通过影响土壤水的补给和损失改变土壤含水量。压实降低饱和导水率，但非饱和导水率可能增加（Mirzaii & Yasrobi, 2012）。当土壤含水量在薄膜水范围内时，经过压实的土壤颗粒紧密接触，薄膜水的连通性较好，因此土壤水的扩散系数在薄膜水的范围内随容重的增大而增大。从试验结果来看，压实既可能减低土壤含水量（Naghdi et al., 2010），也可能增加土壤含水量（Bouwman & Arts, 2000）。

压实改变了土壤含水量和导水率，从而影响土壤养分的淋溶、运输和积累过程（杨晓娟、李春俭，2008）。压实通过改变通气性、含水量、植物和微生物生长状况影响土壤养分的矿化和周转过程（De Neve & Hofman, 2000）。土壤含水量的改变导致土壤比热和导热率的改变，对土壤温度产生影响（迟仁立等，2001）。

2. 压实对植物生长的影响

压实对植物生长的影响可以分为直接影响和间接影响（Wolfe et al.,1995），直接影响即压实后土体对根系发展产生的机械阻力，间接影响包括对通气性、水分、养分及微生物状况的影响。

（1）机械阻力对根系生长的影响

土壤机械阻力又称土壤机械阻抗，是农机具在耕地过程中表现出来的阻力（赵占军等，2014），由于土壤机械阻力可以用圆锥硬度计测量，并能反映土壤强度的大小，有学者也将其与土壤强度视为同一个概念。植物根系是直接与土壤接触的器官，压实对植物生长的影响首先反映在对根系的影响上。一般来说，压实减小根长（Misra & Gibbons, 1996），增加根径，使根系分布变浅，主根不发达，分支增多，在阻力较小的缝隙处纠结成簇（Tardieu & Katerji, 1991；Gilman et al., 1987）。

植物根系应对土壤机械阻力不是纯粹的物理反应，还受到激素调节。研究表明，土壤阻力刺激乙烯的合成，限制根系伸长生长，增加根径（Clark et al., 2003）。限制乙烯的释放能够减弱压实对植物地上部生长的负面影响（Ahmed et al., 1999）。此外，脱落酸也可能参与植物对土壤压实的响应。研究表明，土壤阻抗刺激根系合成并通过木质部导管运输脱落酸，使气孔导度下降，对增加叶面积及维持地上部生长有重要作用（Hussain et al., 1999；Mulholland et al., 1996；Andrade et al., 1993）。然而，Whalley等（2006）的研究表明，压实不导致脱落酸在小麦木质部液流积累，而是刺激根系产生水力信号，引起气孔导度下降，进一步导致蒸腾速率和净光合速率下降。但压实也会通过非气孔限制因素降低净光合速率（刘爽、吴永波，2010）。

（2）压实对植物生长的间接影响

植物根系生长不但受土壤紧实度的影响，还受土壤颗粒组成、含水量和通气性的影响。Konôpka等（2009）认为，根径主要受到土壤含水量的影响，而不是紧实度的影响。尽管压实能够提高土壤含水量和土水势，但同时提高凋萎系数，使最大有效水量减少，实际有效水量可能增加或减少。因此，就压实对可利用水分及植物水分生理的影响，学者们有不同的试验结果和研究结论，因为它还与植物种类、土壤质地、含水量、导水率、根系与土体接触状况有关。

Gomez等（2002）认为，压实可以增加沙质土壤中可利用的水分，但是会减少壤土和黏土中可利用的水分。由于压实可以提高土壤的非饱和导水率，增强根系与土壤颗粒的接触（Veen et al., 1992），维持细胞吸水、生长需要的水势梯度（Nonami et al., 1997），促使木质部导管增粗（Alameda & Villar, 2012），促进植物根长生长（Haling et al., 2013），提高植物的水分利用率，在一定条件下能够缓解水分胁迫，增加植物生物量（Mósena & Dillenburg, 2004）。然而，Alameda等（2012）和Batey（2009）认为，水分胁迫会导致压实区植物的生长量进一步下降，尤其当植物主要依靠下层土壤水维持蒸腾需要的时候，或者当土壤中蓄存的有效水较少、植物蒸腾需求较大的时候。如果根系不能穿透压实层，植物就不能吸收土壤下层蓄水（Dexter, 1986）。相反，当压实层以上的土壤水分足以供给植物生长所需的时候，压实对植物生长没有显著影响。

植物根系受到土壤通气性的影响，压实不但减少了通气孔隙，还阻碍了空气的流通。一些研究认为，无论土壤质地如何，只要通气孔隙大于某个阈值，根系生长就不会受影响（Zou et al., 2001）。但是随着土壤深度增加、氧气含量下降、二氧化碳含量增加，在压实条件下，更浅的土层才能满足根系呼吸的需要。此外，压实导致土壤浅层的根系生物量增加，占用了通气孔隙，进一步降低了空气流通速率（Asady & Smucker, 1989）。由于通气不足，植物根系增粗、变短、扭曲，根毛减少（Gilman et al., 1987），植物生长促进细菌（PGPB）的活动减弱，植物对氮、磷等养分的吸收下降。Tan等（2008）的研究表明，压实降低土壤酶活性和微生物生物量，导致土壤中氮、磷的可利用性下降。土壤中的养分通过质流和扩散两种方式被根系吸收，压实影响土壤水分运输和根系的分布，从而间接影响植物对养分的吸收（Arvidsson, 1999）。

（3）植物对压实的适应性

许多研究表明，压实对森林植物（Corns & Maynard, 1998）和农作物（Lipiec et al., 2003）生长造成不利影响，但是不同的植物种对压实的适应性不同（Alameda & Villar, 2009；Liang et al., 1999）。由于植物的水分及养分需求是一个动态过程，压实对生长的影响也随着时间变化（Glab, 2007；Fleming et al., 2006；Ferree & Streeter, 2004）。随着植物的生长，当根系穿透压实土层后，压实的影响减弱（Souch et al., 2004）。

Kulkarni和Savant（1977）发现，土壤压实增加了单位质量和单位面积根系的阳离子交换量（CEC），从而影响根系对磷、钾、铁和锰等多种元素的吸收能力（Ram, 1980）。Hoffmann和Jungk（1995）、Kristoffersen和Riley（2005）发现，压实增加了玉米、黑麦草、甜菜、大麦单位根长对磷的吸收量。Kooistra等（1992）发现，压实增加了玉米单位根长对氮的吸收量。Canbolat等（2006）发现，压实增加了葡萄叶中氮、钙、镁、铝、铁、锰、钠、锌的含量。这些研究表明，根系对土壤养分的吸收效率受土壤紧实度影响（Masle & Farquhar, 1988），压实可能促进根系对某些养分的吸收。

另一方面，根系对压实土体的改造有重要作用，改良后的土壤有利于植物根系和地上部的生长。在生长过程中，根系对土体施加压力，移动或破坏土壤团聚体，并形成一圈均匀的、与根系紧密接触的土层，死亡分解后则形成有利于水分运输的根道（Aravena et al., 2014; Williams & Weil, 2004; Clark & Barraclough, 1999）。Scholl等（2014）发现，芥末和黑麦生长3.5个月后能够显著改变土壤孔隙度的大小和分布，增加500μm以上的大孔隙和2.5μm以下的小孔隙。柱花草生长2年后能够穿透位于20~40cm深处的压实层，增加土壤大孔隙（Lesturgez et al., 2004）。人工种植的赤杨生长7年后能够显著增加林道的大孔隙和通气性（Meyer et al., 2014）。机械碾压过的林道，经过9年的时间后，土壤容重能够恢复到接近自然的状态（Matangaran & Kobayashi, 1999）。除了植物根系的作用外，凋落物、土壤动物及微生物的活动、降水、干湿交替、冻融等自然现象也参与了压实土壤理化性质的动态变化（Ponder et al., 2000; Stirzaker et al., 1996）。

第五节　研究目的与意义

存量垃圾是堆放于非正规生活垃圾堆放点和不达标的生活垃圾处

理设施中的生活垃圾。存量垃圾占用了大量宝贵的土地资源，并可能对环境产生严重污染。

存量垃圾多为混合垃圾，垃圾中包含塑料、木竹、灰土、砖瓦等，同时有大量的有机质。通过筛分处理，可最大限度地将存量垃圾中的可回收物、无污染的无机物质、有机质含量较高的腐殖土等成分有效分离。对可回收物如塑料、金属可以直接回收利用；无污染的无机物质可以就地回填或外运作为建筑、市政工程回填材料、制砖原料等；含有有机质较高、粒径在20mm以下的筛分土约占存量垃圾总量的60%，这部分垃圾土可以作为园林种植用土或与其他材料配合，制作成人工土。垃圾土中的养分被植物和微生物吸收利用，污染成分可以通过植物或微生物固定或降解，从而消除存量垃圾对环境的污染。通过资源化利用，能够将存量垃圾减量。存量垃圾场腾空后，按照卫生填埋场的标准改造，不但能够防止环境污染，而且能够提高新生城市垃圾的处理效率，节约宝贵的土地资源，意义十分重大。

存量垃圾的组成成分具有地域上的差异性，与城市发展水平有关。我国垃圾分类回收系统尚不完备，城市垃圾组成复杂，其中的重金属、有机污染物、病原菌等可能对地下水和土壤造成污染，对动植物造成危害。在资源化利用垃圾土以前，必须对其利用价值和各种潜在风险全面、深入分析和评价。此外，在存量垃圾的开采、筛分和转运过程中，必然对其结构造成破坏。垃圾土结构松散、压缩性高，在应用过程中可能会产生水土流失，并具有其他安全隐患。

采石场迹地遗留了大量的采石废弃物，这些松散堆积的弃渣石往往质地粗大、结构松散、漏水漏肥，直接种植植物难以成活。存量垃圾土中丰富的有机质和营养成分能够改善采石场迹地的立地条件，降低植被修复成本，保护土地资源。但是将垃圾土运用于采石场迹地植被修复时，必须解决废弃渣石的处理问题。目前，已有一些学者展开研究，利用采石作业生成的渣土、渣石修复采石场迹地生态。一般认为，随着渣土石颗粒增大，可利用性下降，因此粗颗粒渣石的处理和利用存在空缺。垃圾土能够提供植物生长所需的水分和养分，通过混入垃圾土，将粗颗粒渣石作为骨架纳入人工土。通过植物根系的作用，将松散、无结构的采石废弃物稳定化，可以防止水土流失及其他安全隐患。

针对上述问题，笔者将对存量垃圾土的物理、化学和生物特性及环境学特性进行分析，评价存量垃圾资源化利用的可行性；利用垃圾土和粗颗粒采石废弃物配制植物生长基质，通过调整垃圾土与石砾配比及机械压实两种方法，调节人工土的水分物理特性，提高植物生长适宜性，对存量垃圾–石砾人工土的优化配制提出建议。

第二章　研究区域概况

北京（北纬39°4′～41°6′，东经115°7′～117°4′）位于华北平原与太行山脉、燕山山脉交接处，东邻渤海，东南部为平原，属于华北平原的西北边缘区；西部山地为太行山脉的东北余脉；北部、东北部山地为燕山山脉的西段支脉。

北京的地势西北高、东南低，主要包括西部山地、北部山地和东南部平原三大地貌单元。西北山地山峰林立，土壤贫瘠，主要为石灰岩，部分为砂页岩和火山岩。北部山地多为低山丘陵，坡度平缓。地势相对较高的西部和北部由火山岩、灰岩、石英岩、石英砂岩组成；地势低缓的密云水库周围由片麻岩组成；北部由花岗岩组成，风化层深厚。东南部平原由永定河、潮白河等河流冲积、洪积而成。平原海拔20～60m，山地海拔1000～1500m，百花山、白草畔、东灵山、海坨山海拔分别为1991m、2035m、2303m、2334m。

北京山地土壤带属于暖温带半湿润地区的褐土地带，受气候、地貌、水文、植被及人类活动等因素影响，形成了多种土壤类型，可划分为9个土类20个亚类64个土属。山地土壤随海拔升高具有明显的垂直分布规律，海拔由高至低依次为山地草甸土、山地棕壤、山地淋溶褐土、山地普通褐土、普通褐土、碳酸盐褐土、潮褐土、褐潮土、砂姜潮土、潮土、盐潮土、湿潮土、草甸沼泽土。

北京属暖温带半湿润半干旱大陆性季风气候，夏季炎热多雨，冬季寒冷干燥，水热同期。平原年平均气温为11～12℃，山区年平均气温为8～11℃。年平均相对湿度为50%～60%。年平均降水量约600mm，6～9月的降雨量约占全年降水量的85%。降水量年际丰枯相差悬殊，丰水年、枯水年连续出现的周期为2～3年，连丰年可长达6年，连枯年可长达9年。降水量地域分布不均，山前多雨带年降水量为650～750mm，山后和平原南部少雨带年降水量仅400～500mm。降水强度大，最大日降水量可达400mm以上。年蒸发量为1800～2000mm，年均相对湿度为50%～60%，年均总辐射量为112～136kcal/cm^2。年平均日照时数为2000～2800h。春、冬季节大部分地区大风日数为20～30d。低山区无霜期为150～180d，中山区无霜期为90～160d（樊登星，2014）。

北京境内河流均属于海河流域，主要由潮白河、蓟运河、大清河、永定河、北运河五大水系构成。东部有潮白河、蓟运河两个水系，西部有大清河、永定河两个水系，中部有北运河水系。北京建有大小水库80余座，大型水库包括官厅水库、海子水库、怀柔水库、密云水库、十三陵水库等。北京境内有天然及人工湖泊23处，总面积约为520hm^2。

北京植被种类组成丰富，区系成分复杂，共有维管植物2056种，分属169科869属，其中蕨类植物20科30属75种，裸子植物9科18属37种，被子植物104科821属1944种。自生被子植物中菊科、禾本科、豆科和蔷薇科的种类最多，其次是百合科、莎草科、伞形科、毛茛科科、十字花科和石竹科等。地带性植被为温带落叶阔叶林和温带针叶林，落叶阔叶林构成以栎属、椴属、白蜡属、槭属、杨属为主，温带针叶林以油松、侧柏为主。在气候及地形的影响下，山区植被具有明显的垂直分布特征，海拔由低到高分别为低山落叶阔叶灌丛和灌草丛带、中山下部松栎林带、中山上部桦树林带及山顶草甸带。由于人为活动破坏，北京的原始植被已不多见，以次生植被为主（樊登星，2014）。

北京市下辖16个区（县）。按照主体功能区规划，东城区和西城区为首都功能核心区，朝阳区、海淀区、丰台区、石景山区为城市功能拓展区，通州区、顺义区、大兴区、昌平区和房山区的平原地区为城市发展新区，门头沟区、平谷区、怀柔区、密云县、延庆县及昌平和房山两区的山区部分为生态涵养发展区。从城市功能区划来看，北京的山区主要定位为以生态涵养发展为主要功能的区域。

2014年末，北京市常住人口有2151.6万人，常住人口增长速度连续4年出现放缓。2014年，全市城镇居民人均可支配收入为4.4万元，农村居民人均纯收入2万元，农村居民的收入增长速度连续6年高于城镇居民。

本书中开展研究的试验地为北京市科学技术研究院轻工业环境保护研究所生态修复试验基地（北纬40°9′57″，东经116°9′1″），位于北京市昌平区马池口镇亭自庄村北京农学院大学科技园区（四区）东北角，占地66 667m²。该园区由北京市科学技术研究院轻工业环境保护研究所主建，北京林业大学、中科鼎实环境工程有限公司、北京维景篮迪景观生态技术服务有限公司等单位协建。园区包括种植试验区、经济植物引种筛选区、人工立地模拟试验区、植物生理生态特性测试区、生态修复植物种质资源库等，是以华北为主要研究区域的生态恢复试验站。

第三章　存量垃圾土的基本性质

　　存量垃圾来源丰富，富含有机质和植物生长需要的营养元素，资源化利用存量垃圾能够消化处理大量的城市固体废弃物，节约土地资源，降低植被修复成本，符合近年来我国大力倡导的循环经济理念。

　　存量垃圾是堆放于非正规生活垃圾堆放点和不达标的生活垃圾处理设施中的生活垃圾，其中含有人们在日常生活中产生或为日常生活提供服务的活动中产生的固体废物，包括建筑垃圾和渣土，理论上不包括工业固体废物和危险废物。我国垃圾分类回收处理效率低，存量垃圾的成分十分复杂。1957年，我国垃圾分类回收首次见诸报道；1996年，民间环保组织开始协助居民实施垃圾分类；2000年，建设部公布了首批生活垃圾分类收集试点城市名单，包括北京、上海、广州、深圳、杭州、南京、厦门、桂林。然而，20年过去了，我国城市垃圾的收集方式仍然以混合收集为主，各种城市生活垃圾不经过任何处理，混杂在一起收集。公众的垃圾分类意识淡薄，与发达国家的差距明显。为了实现城市垃圾的无害化，提高垃圾中有用物质的纯度和垃圾再利用的价值，分类回收、处理利用是城市垃圾收集方式发展的必然趋势。

存量垃圾可能含有一定的重金属、有机污染物和病原性微生物。Aina等（2009）发现，存量垃圾中大量存在的重金属元素仅少量存在于渗沥液中。由于有机质表面的许多官能团对重金属具有吸附作用，存量垃圾中的重金属元素可能以有机络合物或硫化物的形式存在，活动性和生物利用度较低。但是一些研究表明，可溶性有机物可能提高土壤中重金属和有机污染物的可移动性（Ashworth & Alloway, 2008）。因此，存量垃圾中重金属和有机污染物的含量和可移动性需长期定期监测，必要时应予控制，防止污染土壤、地下水，毒害生物。

由于我国未建立存量垃圾评价指标和体系，本书依据现有的土壤及城市污泥相关规定，对存量垃圾的化学特性和生物特性作出评价，主要参照的国内标准有《土壤环境质量标准》（GB 15618－1995）、《食用农产品产地环境质量评价标准》（HJT 332－2006）、《温室蔬菜产地环境质量评价标准》（HJ 333－2006）、《展览会用地土壤环境质量评价标准（暂行）》（HJ 350－2007）、《绿化种植土壤标准》（CJ/T 340－2011），国外标准主要有美国环境保护署（EPA）在1993年颁布的城市污泥利用与处置标准（40 CFR Part 503）和欧盟1986年颁布的关于农用污泥的规定（86/278/EEC）。

第一节　物理性质

1. 机械组成

土壤颗粒的形状、数量、大小及排列方式决定了土壤的质地和结构，影响土壤的物理、化学和生物特性，进而影响水、肥、气的储存、运输及植物的吸收效率（高艳鹏，2012）。土壤中各级土粒的百分含量即机械组成，又称为土壤质地。将存量垃圾筛分土风干后过2mm筛，使用比重计法测定机械组成，根据杨金玲等的方法（2008）计算分形维数：

$$\frac{W(\delta < \overline{d}_i)}{W_0} = (\frac{\overline{d}_i}{\overline{d}_{max}})^{3-D} \qquad (3-1)$$

其中，δ 为土壤颗粒的粒径，$\overline{d}_i$ 为两筛分粒级 d_i 和 d_{i+1} 间粒径的平均值，$W(\delta < \overline{d}_i)$ 为粒径小于 $\overline{d}_i$ 的土壤颗粒累计质量，W_0 为土壤各粒级质量的总和，$\overline{d}_{max}$ 为最大粒级土粒的平均直径，D 为分形维数。

土样计算结果如表3-1所示，根据国际制土壤质地分类标准，存量垃圾土的颗粒组成与砂质黏壤土一致，对照为砂质黏土。与耕作土相比，存量垃圾土中砂粒含量较高，黏粒含量较低。

表3-1　土样机械组成及分形维数

土样类型	土壤颗粒组成质量百分含量					分形维数
	砂粒/mm			粉砂粒/mm	黏粒/mm	
	2~0.25	0.25~0.05	0.05~0.02	0.02~0.002	<0.002	
存量垃圾土	43	20	8	8	20	2.587
耕作土	12	37	6	18	26	2.801

土壤分形维数是反映土壤结构几何形体的参数，与黏粒的含量成正比，与砂粒的含量成反比（黄冠华、詹卫华，2002）。根据土壤分形理论，分形维数越高，土壤结构越紧实，通透性越弱；分形维数越

低，土壤越松散，通透性越好。垃圾土的分形维数低于耕作土，表现为一种孔隙度大、质地疏松的类土体。

2. 水分物理常数

土壤容重是表征土壤松紧程度的指标，与土壤孔隙状况、通气性、透水性、持水能力、溶质迁移特征、养分的可获得性及植物生长状况密切相关。一般来说，土壤容重越小，土壤通气性和透水性越好，但适度紧实的土壤由于毛管孔隙较多，持水能力较高。土壤容重受到颗粒密度制约。土粒密度不同，相同容重下土壤孔隙度差异很大，通气状况截然不同（Lal & Shukla，2004）。

由于存量垃圾在开采、筛分、转运和利用过程中，原有的结构被改变，需对垃圾土松散体的物理性质加以测试，用环刀法测量垃圾土的容重、孔隙度、田间持水量，并与堆积3年后的性质对比。

其结果如表3-2所示。方差分析表明，松散垃圾土的容重显著低于耕作土（$P < 0.01$），孔隙度显著高于耕作土（$P < 0.05$），田间持水量与耕作土差异均不显著。堆积3年后，垃圾土的容重显著升高（$P < 0.05$），为松散体的1.9倍；田间持水量、孔隙度均有下降的趋势，但与松散体差异不显著。堆积3年后，垃圾土的容重、田间持水量、孔隙度与耕作土差异均不显著。

3. 团聚体

土壤团聚体是指土壤中大小和形状不一、具有不同孔隙度和机械稳定性、水稳性的结构单位，通常把直径大于0.25mm的结构单位称为大团聚体。大团聚体包括非水稳性团聚体和水稳性团聚体。非水稳性团聚体具有一定抵抗外力破坏的能力，通常用干筛后团聚体的组成含量来反映。

试验中用干筛法测定存量垃圾土的非水稳性团聚体组成，使用

表3-2 存量垃圾土的物理性质

土样类型	容重/（g/cm³）	田间持水量/%	孔隙度/%
松散垃圾土	0.69 a	47 a	57 a
堆积垃圾土	1.30 b	41 a	44 ab
耕作土	1.43 b	35 a	39 b

注：松散垃圾土为刚运至试验地的存量垃圾土，堆积垃圾土为在试验地露天堆放3
　年后的存量垃圾土。含相同字母表示同列差异在0.05水平上不显著，不含有相
　同字母表示差异显著。如ab和a、ab和b含有相同字母，表示差异不显著；a、b
　不含相同字母，表示差异显著。

TTF-100型土壤团聚体分析仪测定水稳性团聚体组成。测定前将水
稳性团聚体浸泡30min，振荡架上下移动距离为4cm，移动速率为
30次/min，测量时间为30min。团聚体的破坏率计算公式为

$$PAD = \frac{W_{\mathrm{D}} - W_{\mathrm{W}}}{W_{\mathrm{D}}} \qquad （3-2）$$

其中，PAD为团聚体破坏率，W_{D}为直径大于0.25mm的非水稳性团聚体
质量分数，W_{W}为直径大于0.25mm的水稳性团聚体质量分数。根据土
壤颗粒累积质量分布与平均粒径的分形关系式计算分形维数（杨金玲
等，2008）。

　　结果表明，垃圾土及耕作土中，直径大于0.25mm的非水稳性团聚
体分别占总质量的62.2%及65.0%，两者十分接近，但不同直径的团聚
体质量分布不同。如表3-3所示，垃圾土中直径为2~5mm的团聚体最
多，直径为0.5~1mm的次之；而耕作土中直径大于5mm的团聚体最
多，直径为2~5mm的次之。总体上看，垃圾土的非水稳性团聚体直径
小于耕作土。

表3-3 各直径非水稳性团聚体及水稳性团聚体质量分数

单位：%

土样类型	非水稳性团聚体直径/mm					水稳性团聚体直径/mm				
	>5	2～5	1～2	0.5～1	0.25～0.5	>5	2～5	1～2	0.5～1	0.25～0.5
存量垃圾土	0.0	24.1	9.1	16.1	12.9	0.0	20.6	12.7	13.6	13.8
耕作土	23.7	16.2	7.9	10.2	7.1	2.0	3.8	5.4	17	18.2

水稳性团聚体是由胶体胶结团聚而形成的直径大于0.25mm的土壤团粒。水稳性团聚体能够抵抗水的破坏作用，在水中浸泡、冲洗不易崩解，与土壤的抗蚀性密切相关。

如表3-3所示，垃圾土中的水稳性团聚体总量显著高于耕作土。在垃圾土中，水稳性团聚体占总质量的60.7%，在耕作土中仅占46.4%。垃圾土中直径为2～5mm、1～2mm水稳性团聚体的质量分数显著高于耕作土（$P<0.05$），但直径大于5mm、0.5～1mm及0.25～0.5mm水稳性团聚体的质量分数与耕作土差异不显著。

土壤中的有机碳以腐殖质的形式储存（许修宏等，2010）。腐殖质是良好的胶结剂，有利于形成水稳性团聚体。随着土壤中的有机质含量下降，团聚体中的胶结物质减少，团聚体的数量减少，大团聚体分散成小团聚体（宇万太等，2004）。垃圾土中水稳性团聚体的质量分数较大，且总体而言直径大于耕作土，与其中较高的有机质含量一致。在有机质的胶结作用下，垃圾土团聚体的破坏率仅为2.4%，而对照为28.6%。吴承祯和洪伟（1999）认为，土壤中水稳性团聚体的含量与团聚体的分形维数具有负相关关系。存量垃圾土水稳性团聚体的分形维数为2.748，对照为2.886，与吴承祯和洪伟（1999）的研究结果一致。

4. 渗透速率

土壤水分入渗过程和渗透能力决定了坡面产流量、产流方式和土壤的储水量。对垃圾土松散体的渗透速率展开测试，并与堆积3年后的性质对比，试验3次，以试验地附近的耕作土作为对照。

渗透速率的测量装置参考渗透筒法（GB 7838—1987）制作。如图3-1所示，将取土环刀（直径90mm、高70mm）顶部与空环刀对齐，用橡皮泥固定、密封，架在漏斗及锥形瓶上。用烧杯往上环刀中加水，维持水面与环刀顶部平齐，即水头固定（70mm）。自漏斗出水开始计时，每隔5min更换锥形瓶，测量锥形瓶内水的体积，至连续三次测量值接近，取其均值，计算稳渗速率。由于垃圾土松散体在水力作用下迅速压缩下陷，渗透速率以接满500mL锥形瓶的平均时间计算。

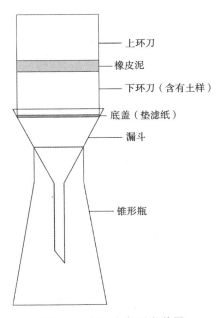

图3-1 渗透速率测定装置

根据达西公式计算渗透速率和渗透系数：

$$V=Q/(S\cdot t) \qquad\qquad (3-3)$$

$$K=Q\cdot L/(S\cdot t\cdot H) \qquad\qquad (3-4)$$

其中，V为渗透速率，Q为渗透量，S为渗透横断面面积，t为渗透时间，K为渗透系数，L为土柱长度，H为水层厚度。

由于土柱长度与水层厚度相同，渗透速率与渗透系数的数值相等。

结果表明，松散垃圾土的渗透速率为205.42mm/min，耕作土的渗透速率为0.57mm/min，松散垃圾土的渗透速率显著高于耕作土（$P<0.05$）。

值得注意的是，耕作土的渗透速率是经历一段时间后测得的稳渗速率，而松散垃圾土处于欠压密状态，并在水力作用下压缩下陷，垃圾土的孔隙度显著下降，失去了松散体特有的物理性质。因此，松散垃圾土的渗透速率并不是稳渗速率，也不可能有稳渗速率。随着堆积年限增加，垃圾土的容重增加，孔隙度下降，导致渗透速率下降，但是物理结构趋于稳定。堆积3年后，存量垃圾土的渗透速率下降至1.82mm/min，但仍然高于耕作土，是耕作土的3.2倍。

5. 抗剪强度

在重力及外来荷载作用下，土发生强度破坏，沿剪应力作用方向产生相对滑动时的剪应力即剪切强度（陈希哲，2004）。对于无黏性土来说，颗粒之间连接、胶结产生的内聚力可以忽略不计，抗剪强度与作用在剪切面上的法向应力成正比，比例系数为内摩擦系数。黏性土的抗剪强度包括摩擦力和黏聚力，摩擦强度与土壤颗粒之间的滑动摩擦和咬合摩擦有关，黏聚力与库仑力、范德华力、胶结作用力及水膜黏结力有关（李迪等，2008）。

抗剪强度是岩石或土体能够抵抗剪切破坏的最大剪应力，反映了土壤在外力作用下发生剪切变形破坏的难易程度。土壤的抗剪强度越大，土壤抵抗径流剪切破坏的能力越强，发生土壤侵蚀及滑坡的风险越小（王云琦等，2006）。抗剪强度也是土壤抗侵蚀能力的指标之一。

　　试验使用自制的直剪仪（专利号2012102144963）测量抗剪强度，剪切容器尺寸为300mm×300mm×300mm，分为上、下两个剪切盒。下剪切盒是固定的，安装有水平位移计，上剪切盒的一侧连接测力计、螺杆和控制杆，转动控制杆使上盒水平移动（图3-2）。

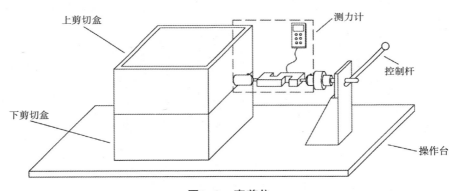

图3-2　直剪仪

　　在自然含水量条件下，将存量垃圾土或耕作土（作为对照）打散，填入剪切盒中，不施加附加荷载，做剪切试验，抗剪强度为剪应力峰值。为了检验覆土对垃圾土抗剪强度的作用，将15cm耕作土覆盖在15cm垃圾土上，做剪切试验。为了检验表层压实对垃圾土抗剪强度的作用，将预先填好的30cm厚度垃圾土均匀碾压至23cm，做三次剪切试验。

　　剪切试验前测试垃圾土及耕作土的自然含水量。结果表明，两者含水量没有显著差异，为12%～17%。因此认为，在试验过程中，含水量对垃圾土及对照抗剪强度的差异性没有显著影响。

　　测试结果表明，在无附加荷载的条件下，存量垃圾土及对照的抗剪强度分别为2.04kPa和2.53kPa，松散垃圾土的抗剪强度显著小于松散的耕作土（$P<0.01$）。覆土及表层压实显著提高垃圾土的抗剪强度（$P<0.05$）。覆土后，存量垃圾土的抗剪强度从2.04kPa上升到2.37kPa，提高了16%；表层压实后，存量垃圾土的抗剪强度上升到2.87kPa，提高了41%；覆土后压实，存量垃圾土的抗剪强度上升到4.17kPa，提高了104%（图3-3）。

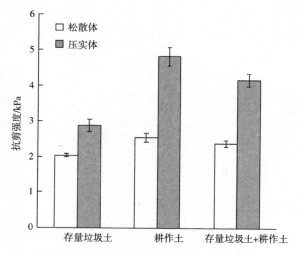

图3-3　存量垃圾土及耕作土的抗剪强度

第二节　化学性质

土壤肥力是指土壤不断供应、协调植物生长发育所需的水分、养分、空气和热量的能力。土壤的化学性质是指土壤有机质、酸碱度、元素组成、吸附性能等方面的性质，其对工农业生产和环境质量管理具有重要作用。垃圾土作为人工土或人工土的材料，要代替自然土壤，参与各环境要素之间的物质与能量交换，提供生态服务功能，必须对其化学性质加以研究。

2012年，北京市理化分析测试中心对北京昌平、密云、石景山、丰台、通州5个垃圾处理厂的存量垃圾筛分土做了化学性质测定，检测项目及方法详见表3-4。

表3-4　检测项目、检验标准（方法）及使用的仪器

检测项目	检验标准（方法）	仪器名称	方法检出限/（mg/kg）
全钾	NY/T 87—1988	原子吸收分光光度计	2.5
速效钾	NY/T 889—2004	原子吸收分光光度计	0.5
全氮	NY/T 53—1987	—	0.01
速效氮	DB13/T 843—2007		4
硝态氮	LY/T 1230—1999	紫外可见分光光度计	1
铵态氮	LY/T 1231—1999	紫外可见分光光度计	3.5
全磷	NY/T 88—1988	紫外可见分光光度计	0.02
有效磷	GB 12297—1990	紫外可见分光光度计	0.6
有机质	NY/T 1121.6—2006	—	—
水溶性盐总量	NY/T 1121.16—2006	数显鼓风干燥箱	0.03g/kg
阳离子交换量	NY/T 1121.5—2006	—	0.1cmol/kg（+）
pH	NY/T 1121.2—2006	酸度计	—
砷	HJ 350—2007	电感耦合等离子体原子发射光谱仪	2.0
铬	HJ 350—2007	电感耦合等离子体原子发射光谱仪	1.0
铜	HJ 350—2007	电感耦合等离子体原子发射光谱仪	0.5
镍	HJ 350—2007	电感耦合等离子体原子发射光谱仪	0.5
铅	HJ 350—2007	电感耦合等离子体原子发射光谱仪	1.5
锌	HJ 350—2007	电感耦合等离子体原子发射光谱仪	0.05
镉	HJ 350—2007	电感耦合等离子体原子发射光谱仪	0.2
汞	NY/T 1121.10—2006	原子荧光光谱仪	0.01

1. 营养元素

高等植物正常生长所需的营养元素，除了碳、氢、氧以外，其他元素主要依靠土壤供给。本节以氮、磷、钾三种大量元素的数量、形

态及有效度为指标，评价存量垃圾土的养分供应情况。

测定结果如表3-5所示，垃圾土的pH为8.00～8.37，偏碱性。垃圾土中的有机质含量为23.4～71.7g/kg，全氮含量为1.33～2.58g/kg，铵态氮含量为4.3～15.6mg/kg，硝态氮含量为21～245mg/kg，全磷含量为0.67～1.42g/kg，有效磷含量为7.9～336.0mg/kg，全钾含量为12.5～31.8g/kg，速效钾含量为382～642mg/kg。在各项营养成分含量中，变异性最大的是有效磷，其次是硝态氮，再次是速效氮、有机质和铵态氮，变异系数分别为194%、99%、75%、55%、52%。

表3-5 垃圾土营养元素及相关因素测定表

检验项目	取样地点					均值	极大值	极小值	标准差	变异系数
	昌平	密云	石景山	丰台	通州					
全钾/（g/kg）	26.4	31.8	12.5	26.3	30.5	25.5	31.8	12.5	7.7	0.30
速效钾/（mg/kg）	480	621	390	382	642	503	642	382	124	0.25
全氮/（g/kg）	1.98	2.29	1.33	2.58	1.56	1.95	2.58	1.33	0.51	0.26
速效氮/（mg/kg）	241	66	125	425	112	194	425	66	144	0.75
硝态氮/（mg/kg）	193	21	30	245	41	106	245	21	105	0.99
铵态氮/（mg/kg）	12.8	6.3	4.3	15.6	7.1	9.2	15.6	4.3	4.8	0.52
全磷/（g/kg）	1.29	1.35	0.67	1.42	0.89	1.12	1.42	0.67	0.33	0.29
有效磷/（mg/kg）	7.9	336.0	12.2	10.0	9.3	75.1	336.0	7.9	146	1.94
有机质/（g/kg）	55.7	25.2	23.4	71.7	24.6	40.1	71.7	23.4	22.3	0.55
pH	8.00	8.28	8.37	8.07	8.24	8.20	8.37	8.00	0.15	0.02

根据《北京市土壤养分分等定级标准》，各取样地点的垃圾土中有机质、全氮、速效钾含量均处于极高等级水平；不同来源的垃圾土中速效氮、有效磷含量差异很大，速效氮含量分属于中等级至及高等级水平，有效磷含量分属于极低等级至极高等级水平。

垃圾土和城市垃圾堆肥均是城市垃圾经过微生物降解的产物，但由于碳氮（C/N）比、菌种、反应温度、湿度、氧气含量、时间等因素不同，垃圾土中的有机质、全氮、铵态氮、硝态氮、全磷含量均低于城市垃圾堆肥（Alvarenga et al., 2015；Soobhany et al., 2015；Mohee et al., 2015；Awasthi et al., 2015；Wei et al., 2015）。尽管垃圾土中大部分营养元素含量低于垃圾堆肥，但仍然高于耕地土壤，甚至高于森林表层土壤。与北京近郊耕地相比，垃圾土中的有机质、全氮、硝态氮、速效钾含量均较高（张瑞，2015；叶回春，2014）。赵海涛等（2010）的研究表明，填埋垃圾中的铵态氮浓度随填埋年限的增加而增加，填埋8年后垃圾中的铵态氮浓度明显高于耕作土。与森林表层土壤相比，垃圾土中的全钾、速效钾、速效氮、全磷、速效磷含量均较高（耿玉清等，2010；吕瑞恒等，2009）。垃圾土中有效磷含量不稳定。牛花朋等（2006）认为，不同源的垃圾土可以混合互补，从而改善质地、pH、有效养分、微生物活性等性质。

2.重金属元素

重金属是指比重大于5的金属。环境科学中的重金属主要是指汞、镉、铅、铬、铁、铜、锌、锰、镍及类金属砷等具有生物毒性的元素。过量重金属进入环境后，参与水体-土壤-生物系统循环，被植物吸收，在植物根、茎、叶及籽实中大量积累，还可通过动物的取食进入食物链，严重危及动物和人类的健康。

重金属污染一直是城市垃圾堆肥应用的隐患。通常来说，堆肥不去除城市垃圾中的重金属，相反，堆肥后垃圾中的重金属含量可能增加（Soobhany et al., 2015；Iglesias-Jimenez & Alvarez, 1993）。在农地中加入垃圾堆肥，即使初期重金属含量没有超标，但是经年累积下仍可能对环境造成污染（闫治斌等，2011）。

如表3-6所示，垃圾土中含有砷、铬、铜、镍、铅、锌、镉、汞8种重金属，其中砷含量为3.0～16.8mg/kg，铬含量为32.1～162.0mg/kg，铜含量为16.7～144.0mg/kg，镍含为12.7～44.4mg/kg，铅含量为18.5～97.5mg/kg，

锌含量为52.8～370.0mg/kg，镉含量为0.20～0.35mg/kg，汞含量为0.23～1.45mg/kg。在各项污染成分含量中，变异性最大的是铜，其次是锌，再次是汞、铅和砷，变异系数分别为66%、63%、58%、57%、55%。

表3-6 垃圾土重金属测定表

单位：mg/kg

检验项目	取样地点					均值	极大值	极小值	标准差	变异系数/%
	昌平	密云	石景山	丰台	通州					
砷	13.3	6.1	3.0	11.1	16.8	10.1	16.8	3.0	5.5	55
铬	81.6	88.7	32.1	162.0	91.8	91.2	162.0	32.1	46.4	51
铜	115.0	45.5	16.7	144.0	67.0	77.6	144.0	16.7	51.6	66
镍	44.4	36.1	12.7	39.0	27.1	31.9	44.4	12.7	12.4	39
铅	71.9	40.0	18.5	97.5	43.3	54.2	97.5	18.5	30.8	57
锌	343.0	155.0	52.8	370.0	154.0	215.0	370.0	52.8	136.1	63
镉	0.30	0.25	<0.20	0.35	0.24	0.28	0.35	<0.20	0.05	18
汞	1.45	0.23	0.59	0.91	0.71	0.78	1.45	0.23	0.45	58

根据《土壤环境质量标准》（表3-7），密云、石景山、通州垃圾土中各项重金属污染物水平符合二级标准，是保障农业生产、维护人体健康的土壤限制值，适用于一般农田蔬菜地、茶园、果园、牧场等土壤，土壤对植物和环境基本不造成危害和污染。昌平存量垃圾土中锌、汞水平符合三级标准，是保障农林业生产和植物正常生长的土壤临界值，适用于林地土壤及污染物溶量较大的高背景值土壤和矿产附近等地的农田土壤（蔬菜除外），土壤对植物和环境几乎不造成危害和污染，其他污染物水平符合二级标准。丰台存量垃圾土中锌水平符合三级标准，其他污染物水平符合二级标准。

《食用农产品产地环境质量评价标准》不但与pH相关，也与阳离

表3-7　国内外土壤及固体废弃物重金属限值

单位：mg/kg

项目	土壤环境质量标准 （二级）	食用农产品 产地标准	EPA （优质污泥）	EPA （可用污泥）	EEC （污泥）	EEC （土壤）
砷	25（旱地）	20~25	41	75	Na	Na
铬	250（旱地）	250~350	1200	3000	Na	Na
铜	200（果园）	100~200	1500	4300	1000~1750	50~140
镍	60	60	420	420	300~400	30~75
铅	350	50~80	300	840	750~1200	50~300
锌	300	300	2800	7500	2500~4000	150~300
镉	0.6	0.6~0.4	39	85	20~40	1~3
汞	1	0.35~1.0	17	57	16~25	1~1.5

注：1. 表中数据根据《土壤环境质量标准》（GB 15618—1995）、《食用农产品产地环境质量评价标准》（HJ/T 332—2006）、EEC（1986）、EPA（1993）取值；Na表示该项目无规定。

2. 优质污泥是合格的肥料产品，作为肥料在使用上不受40 CFR Part 503的限制；可用污泥标准需根据污染物积累速率调节使用量；高于可用标准值的污泥不能应用在土地上。

3. 尽管欧盟在86/278中没有设置铬浓度限值，但27个成员国中有19个设置了铬在污泥中的浓度限值，为40~1750mg/kg。

4.《土壤环境质量标准》《食用农产品产地环境质量评价标准》限值对应土壤pH＞7.5。

子交换量（CEC）相关；当CEC＞5cmol/kg时，限值与土壤环境质量标准限值接近，但对铅含量要求更严格；当CEC≤5cmol/kg时，限值为原限值的半数。根据下述对垃圾土CEC的测定结果，仅密云垃圾土的重金属水平符合食用农产品产地标准。

对照EPA颁布的城市污泥利用与处置标准，垃圾土中8种重金属含量均符合优质污泥的标准，低于欧盟1986年颁布的关于农用污泥的限值，接近土壤重金属含量限值。

土壤重金属的危害性不但与总量有关，还与重金属的组成、存在方式和土地利用方式有关（Czarnecki & Düring，2015）。美国明尼苏达州污染控制署规定，土壤样品中砷、镉、铬、铅、汞的浓度分别超过100mg/kg、20mg/kg、100mg/kg、100mg/kg、4mg/kg时，必须做毒性特征浸出试验（TCLP）；当浸出浓度超过 40 CFR 261.24规定的浓度限值时，土壤被认为具有危险性，可能对地下水造成影响，必须做稳定化处理（李小平、程曦，2013）。我国根据《危险废物鉴别标准 浸出毒性鉴别》（GB 5085.3—2007）对污染物的暴露和迁移特征进行分析，如浸出液中的危险成分浓度高于浸出毒性鉴别标准，固体废弃物属于危险废物。由此可见，垃圾土中重金属元素的活动性和生物利用度需要进一步研究。

有许多方法能够控制土壤中重金属的含量、有效性和运动过程（Mahmoud & El-Kader，2015）。在垃圾土的应用过程中，对重金属的监控可以直接借鉴垃圾堆肥的预处理方式和重金属污染场地的修复方式。例如，柠檬酸杆菌及假单胞菌属中的一些菌种能够将重金属还原到无毒性且结构稳定的低价态；土壤改良剂、表面活性剂和络合剂能够与金属污染物形成难溶的氢氧化物、碳酸盐、络合物等，或形成可溶的络合物并从提取液中回收重金属；一些植物对重金属具有较强的耐受性和吸收能力（崔德杰、张玉龙，2004；夏星辉、陈静生，1997）。由于环境在一定程度上具有自我净化功能，可以利用垃圾（土）种植不进入食物链的植物品种，或施用于林业（姜必亮等，2001）。

3. 水溶性盐总量

水溶性盐总量是衡量土壤盐渍化程度的指标。土壤中的水溶性盐包括CO_3^{2-}、HCO_3^-、$SO4^{2-}$、Cl^-、Ca^{2+}、Mg^{2+}、K^+、Na^+等。过多的盐分会导致根际土壤溶液渗透势下降，抑制植物萌发及对水、肥的吸收，阻碍植物生长。

如表3-8所示，垃圾土中的水溶性盐总量为2.9~7.6g/kg，高于耕作土（夏立忠等，2001）。

表3-8 存量垃圾土水溶性盐总量测定表

单位：g/kg

检验项目	取样地点					均值	极大值	极小值	标准差
	昌平	密云	石景山	丰台	通州				
水溶性盐总量	7.2	2.9	3.5	7.6	7.2	5.7	7.6	2.9	2.3

根据我国盐渍土的盐化等级指标（毛任钊等，1997），垃圾土的盐渍化程度类似轻度至重度盐化土壤。我国对半荒漠及荒漠区土壤环境、温室蔬菜产地环境土壤的全盐含量均有要求，垃圾土中的水溶性盐总量高于《温室蔬菜产地环境质量评价标准》和《食用农产品产地环境质量评价标准》限值。

4. 阳离子交换量

土壤阳离子交换性能是指土壤溶液中的阳离子与土壤胶体吸附的阳离子之间交换的能力。它是由土壤胶体的表面性质决定的。土壤胶体是指土壤中的黏土矿物、腐殖酸及两者结合形成的复杂的有机矿质复合体，其所能吸收的阳离子包括K^+、Na^+、Ca^{2+}、Mg^{2+}、NH_4^+、H^+、Al^{3+}等。土壤交换性能对植物营养和施肥具有重要意义，它能调节土壤溶液的浓度，保证土壤溶液成分的多样性，保护各种养分不被雨水淋失。

阳离子交换量（CEC）是土壤胶体能吸附的各种阳离子的总量，数值以每千克土壤的厘摩尔数表示。阳离子交换量可以作为评价土壤保肥能力和土壤缓冲性能的指标。如表3-9所示，垃圾土CEC为3.13～6.06cmol（+）/kg。

Khaledian等（2012）调查了不同利用方式下的土壤CEC，结果表明，森林、草地、耕地和城市用地的CEC依次降低，为28.98～18.66cmol（+）/kg。根据《绿化种植土壤标准》，绿化种植

表3-9　存量垃圾土阳离子交换量测定表

单位：cmol/kg（＋）

检验项目	取样地点					均值	极大值	极小值	标准差
	昌平	密云	石景山	丰台	通州				
阳离子交换量	6.06	5.25	3.13	4.01	3.44	4.38	6.06	3.13	1.24

土壤的CEC应大于等于10cmol（＋）/kg，可见研究区域存量垃圾土的CEC水平偏低。Zhou等（2015）测得湖北荆门垃圾填埋场存量垃圾土的CEC高达86cmol（＋）/kg，金奕胜等（2015）测得北京市北天堂存量垃圾土的CEC为18.6cmol（＋）/kg，说明不同地区存量垃圾土的CEC可能存在较大差异。

CEC与土壤胶体的种类和含量有关，取决于土壤矿物的种类和含量，黏粒、粉粒及有机质的含量等多种因素（魏孝荣、邵明安，2009；章明奎、朱祖祥，1993）。尽管存量垃圾土的有机质含量很高，但粉粒、黏粒的质量分数均较低，分别为附近耕作土的44%和77%，可能导致垃圾土CEC较低。

第三节　半挥发性有机污染物

半挥发性有机污染物（SVOCs）是指沸点在170～350℃，常温下蒸气压为10^{-6}～10^{-1}Pa的有机污染物。SVOCs的辛醇-水分配系数和脂溶性较高，水溶性较低，易于在生物脂肪内富集，并通过食物链逐级放大，在高营养级生物体内达到较高的浓度。大多数SVOCs具有致癌、致畸、致突变、干扰内分泌及其他毒害作用，因此越来越多地引起政府和学术界的关注（罗沛，2015）。

2012年澳实分析检测（上海）有限公司对北京昌平、密云、石景山、丰台、通州5个垃圾处理厂存量垃圾筛分土的SVOCs含量进行了检测。检测项目包括苯酚类15项、多环芳烃类21项、邻苯二甲酸酯类6项、硝基苯类9项、硝基芳烃和酮类16项、卤代醚类5项、氯代烃类10项、苯胺类和对二氨基联苯类8项、有机磷农药类20项、有机氯农药类21项、多氯联苯单体22项，共11类153项。

苯酚类、多环芳烃类、邻苯二甲酸酯类、硝基苯类、硝基芳烃和酮类、卤代醚类、氯代烃类化合物、苯胺类和对二氨基联苯类、有机磷农药类检测采用美国环保署（US EPA）标准方法8270D，有机氯农药类采用US EPA标准方法8081B，多氯联苯单体采用US EPA标准方法8082A。检测项目及方法详见表3-10。

表3-10　有机污染物检测表

污染物分类	检测项目	CAS	检出限 /（mg/kg）	加标浓度 /（mg/kg）	加标回收率/%
苯酚类	苯酚	108-95-2	0.1	0.25	83.8
	2-甲基酚	95-48-7	0.1	0.25	79.9
	间对甲酚	1319-77-3	0.1	0.5	95.2
	2,4-二甲基酚	105-67-9	0.1	0.25	95.6
	2-硝基酚	88-75-5	0.1	0.25	105
	2-氯酚	95-57-8	0.1	0.25	84.6
	2,4-二氯酚	120-83-2	0.1	0.25	92.8
	2,6-二氯酚	87-65-0	0.1	0.25	94.5
	4-氯-3-甲基酚	59-50-7	0.1	0.25	108
	2,4,5-三氯酚	95-95-4	0.1	0.25	78.7
	2,4,6-三氯酚	1988/6/2	0.1	0.25	93.3
	五氯酚	87-86-5	0.1	0.25	73.4
	2,3,4,6-四氯苯酚	58-90-2	0.1	0.25	82
	2,6-二甲基酚	576-26-1	0.1	0.25	—
	3,4-二甲基酚	95-65-8	0.1	0.25	—

污染物分类	检测项目	CAS	检出限/（mg/kg）	加标浓度/（mg/kg）	加标回收率/%
多环芳烃	萘	91-20-3	0.1	0.25	86.3
	2-甲基萘	91-57-6	0.1	0.25	118
	2-氯萘	91-58-7	0.1	0.25	83.8
	二氢苊	83-32-9	0.1	0.25	86.3
	苊	208-96-8	0.1	0.25	87
	芴	86-73-7	0.1	0.25	88.5
	菲	1985/1/8	0.1	0.25	86
	蒽	120-12-7	0.1	0.25	89.1
	荧蒽	206-44-0	0.1	0.25	89.9
	芘	129-00-0	0.1	0.25	85.3
	N-2-芴乙酰胺	53-96-3	0.1	0.25	103
	苯并[a]蒽	56-55-3	0.1	0.25	88.2
	䓛	218-01-9	0.1	0.25	87.2
	苯并[b]荧蒽	205-99-2	0.1	0.25	88.4
	苯并[k]荧蒽	207-08-9	0.1	0.25	85.1
	7,12-二甲基苯并[a]蒽	57-97-6	0.1	0.25	90.6
	苯并[a]芘	50-32-8	0.1	0.25	90.2
	3-甲胆蒽	56-49-5	0.1	0.25	99.6
	茚并[1,2,3-cd]芘	193-39-5	0.1	0.25	83.9
	二苯并[a,h]蒽	53-70-3	0.1	0.25	90
	苯并[g,h,i]芘	191-24-2	0.1	0.25	96.6
邻苯二甲酸酯类	邻苯二甲酸二甲酯	131-11-3	0.1	0.25	90.5
	邻苯二甲酸二乙酯	84-66-2	0.1	0.25	89.1
	邻苯二甲酸二正丁酯	84-74-2	0.1	0.25	87.1
	邻苯二甲酸丁苄酯	85-68-7	0.1	0.25	87.7
	邻苯二甲酸二正辛酯	117-84-0	0.1	0.25	79.2
	邻苯二甲酸二乙基己基酯	117-81-7	1	0.25	85.6

污染物分类	检测项目	CAS	检出限 /（mg/kg）	加标浓度 /（mg/kg）	加标回收率/%
硝基苯类	亚硝基甲基乙基胺	10595-95-6	0.1	0.25	106
	亚硝基二乙胺	55-18-5	0.1	0.25	94.6
	亚硝基吡咯烷	930-55-2	0.2	0.25	119
	亚硝基丙胺	621-64-7	0.1	0.25	115
	亚硝基吗啉	59-89-2	0.1	0.25	119
	亚硝基哌啶	100-75-4	0.1	0.25	94.8
	亚硝基二丁胺	924-16-3	0.1	0.25	130
	二苯胺和亚硝基二苯胺	122-39-4/86-30-6	0.2	0.5	86.9
	噻吡二胺	91-80-5	0.1	0.25	110
硝基芳烃和酮类	硝基苯	98-95-3	0.1	0.25	80.5
	2,4-二硝基甲苯	121-14-2	0.2	0.25	99
	2,6-二硝基甲苯	606-20-2	0.2	0.25	95.8
	1,3,5-三硝基苯	99-35-4	0.1	0.25	95.2
	五氯硝基苯	82-68-8	0.1	0.25	92.2
	偶氮苯	103-33-3	0.1	0.25	85.7
	4-氨基联苯	92-67-1	0.1	0.25	86.9
	二甲氨基偶氮苯	1960/11/7	0.1	0.25	89.4
	2-甲基吡啶	109-06-8	0.1	0.25	78.6
	乙酰苯（苯乙酮）	98-86-2	0.1	0.25	88
	异佛尔酮	78-59-1	0.1	0.25	83.3
	1-萘胺	134-32-7	0.1	0.25	60.8
	5-硝基邻甲苯胺	99-55-8	0.1	0.25	94.1
	戊炔草胺	23950-58-5	0.1	0.25	92.9
	非那西汀	62-44-2	0.1	0.25	91.8
	4-硝基喹啉-N-氧化物	56-57-5	0.1	0.25	97.6

污染物分类	检测项目	CAS	检出限/（mg/kg）	加标浓度/（mg/kg）	加标回收率/%
卤代醚类	双（2-氯乙基）醚	111-44-4	0.1	0.25	81.1
	双（2-氯乙氧基）甲烷	111-91-1	0.1	0.25	84.1
	4-氯酚苯基醚	7005-72-3	0.1	0.25	86.6
	4-溴酚苯基醚	101-55-3	0.1	0.25	85.5
	二氯异丙基醚	108-60-1	0.1	0.25	85.1
氯代烃类化合物	1,3-二氯苯	541-73-1	0.1	0.25	84
	1,4-二氯苯	106-46-7	0.1	0.25	84.5
	1,2-二氯苯	95-50-1	0.1	0.25	86.3
	1,2,4-三氯苯	120-82-1	0.1	0.25	87.9
	五氯苯	608-93-5	0.1	0.25	89.8
	六氯苯（HCB）	118-74-1	0.2	0.25	87.7
	六氯乙烷	67-72-1	0.1	0.25	89.4
	六氯丙烯	1888-71-7	0.1	0.25	114
	六氯丁二烯	87-68-3	0.1	0.25	88.1
	六氯戊二烯	77-47-4	0.1	0.25	62.8
苯胺类和对二氨基联苯类	苯胺	62-53-3	0.1	0.25	60.6
	2-硝基苯胺	88-74-4	0.2	0.25	101
	3-硝基苯胺	1999/9/2	0.2	0.25	78.3
	4-硝基苯胺	100-01-6	0.1	0.25	112
	4-氯苯胺	106-47-8	0.1	0.25	62.9
	3,3'-二氯对二氨基联苯	91-94-1	0.1	0.25	84.9
	二苯呋喃	132-64-9	0.1	0.25	87.8
	咔唑	86-74-8	0.1	0.25	95.5
有机磷农药类	敌敌畏	62-73-7	0.1	0.25	103
	乐果	60-51-5	0.1	0.25	94.4
	二嗪农	333-41-5	0.1	0.25	88.3
	毒死蜱	2921-88-2	0.1	0.25	94.9

污染物分类	检测项目	CAS	检出限 /（mg/kg）	加标浓度 /（mg/kg）	加标回 收率/%
有机磷 农药类	甲基毒死蜱	5598-13-0	0.1	0.25	96.2
	马拉硫磷	121-75-5	0.1	0.25	92
	倍硫磷	55-38-9	0.1	0.25	97.6
	乙基嘧啶磷	23505-41-1	0.1	0.25	95.6
	乙硫磷	563-12-2	0.1	0.25	98.3
	丙硫磷	34643-46-4	0.1	0.25	89.3
	毒虫畏-E/Z1	—	0.1	0.25	84.1
	毒虫畏-E/Z2	—	0.1	0.25	108
	毒虫畏-E/Z3	—	0.1	0.25	88.6
	久效磷	6923-22-4	0.1	0.25	72
	对硫磷	56-38-2	0.1	0.25	99.8
	甲基对硫磷	298-00-0	0.1	0.25	91.4
	溴硫磷	4824-78-6	0.1	0.25	89.1
	虫胺磷	22224-92-6	0.1	0.25	89.9
	三硫磷 （卡波硫磷）	786-19-6	0.1	0.25	97.7
	谷硫磷 （保棉磷）	86-50-0	0.1	0.25	87
有机氯 农药类	α-六六六	319-84-6	0.01	0.025	79.4
	β-六六六	319-85-7	0.01	0.025	75.8
	γ-六六六	58-89-9	0.01	0.025	83.1
	δ-六六六	319-86-8	0.01	0.025	86.5
	七氯	76-44-8	0.01	0.025	114
	环氧七氯	1024-57-3	0.01	0.025	120
	艾氏剂	309-00-2	0.01	0.025	96.9
	狄氏剂	60-57-1	0.01	0.025	79.7
	异狄氏剂	72-20-8	0.01	0.025	79.7
	硫丹1	959-98-8	0.01	0.025	82.5
	硫丹2	33213-65-9	0.01	0.025	82.4

污染物分类	检测项目	CAS	检出限/（mg/kg）	加标浓度/（mg/kg）	加标回收率/%
有机氯农药类	硫丹 硫酸盐	1031-07-8	0.01	0.025	87.1
	4,4'-DDD	72-54-8	0.01	0.025	82.6
	4,4'-DDE	72-55-9	0.01	0.025	84
	2,4'-DDT	789-02-6	0.01	0.025	80.3
	4,4'-DDT	50-29-3	0.01	0.025	104
	顺式-氯丹	5103-71-9	0.01	0.025	107
	反式-氯丹	5103-74-2	0.01	0.025	114
	狄氏剂酮	53494-70-5	0.01	0.025	82.5
	甲氧氯	72-43-5	0.01	0.025	116
	异狄氏剂醛	7421-93-4	0.01	0.025	96.8
多氯联苯单体	PCB8	34883-43-7	0.01	0.01	78.4
	PCB18	37680-65-2	0.01	0.01	87.8
	PCB28	7012-37-5	0.01	0.01	93.7
	PCB44	41464-39-5	0.01	0.01	82.8
	PCB52	35693-99-3	0.01	0.01	87.8
	PCB66	32598-10-0	0.01	0.01	87.7
	PCB77	32598-13-3	0.01	0.01	93.2
	PCB101	37680-73-2	0.01	0.01	87.6
	PCB105	32598-14-4	0.01	0.01	83.8
	PCB118	31508-00-6	0.01	0.01	83.6
	PCB126	57465-28-8	0.01	0.01	83.8
	PCB128	38380-07-3	0.01	0.01	92.1
	PCB138	35065-28-2	0.01	0.01	83.8
	PCB149	38380-04-0	0.01	0.01	84.3
	PCB153	35065-27-1	0.01	0.01	87.1
	PCB156	38380-08-4	0.01	0.01	81.3
	PCB169	32774-16-6	0.01	0.01	78.8
	PCB170	35065-30-6	0.01	0.01	87.2
	PCB180	35065-29-3	0.01	0.01	85.3
	PCB187	52663-68-0	0.01	0.01	87.3
	PCB195	52663-78-2	0.01	0.01	86.9
	PCB206	40186-72-9	0.01	0.01	83.8

153项SVOCs在垃圾土中检出4类14项，包括苯酚类2项、多环芳烃类9项、邻苯二甲酸酯类2项、有机氯农药类1项。9项硝基苯类、16项硝基芳烃和酮类、5项卤代醚类、10项氯代烃类、8项苯胺类和对二氨基联苯类、20项有机磷农药类、22项多氯联苯单体污染物均未检出。

邻苯二甲酸酯类的邻苯二甲酸二乙基己基酯和邻苯二甲酸二正丁酯检出率（检出样本数/总样本数）最高，分别为100%和80%，其次为3-甲基苯酚和4-甲基苯酚、菲、荧蒽、芘、䓛、苯并[b]荧蒽、苯并[k]荧蒽，检出率均为60%，说明存量垃圾土中SVOCs污染物以多环芳烃和邻苯二甲酸酯类为主。昌平、密云、石景山、丰台、通州的存量垃圾土中分别检出4项、3项、8项、12项、10项SVOCs污染物，说明不同来源的存量垃圾土污染程度和种类具有差异性。

1. 苯酚类

苯酚是重要的化工原料之一，可用于生产酚醛树脂、双酚A、己内酰胺、水杨酸、杀菌剂、表面活性剂、橡胶、油漆、化肥、塑料增塑剂、抗氧化剂和固化剂等（胡婷，2014）。3-甲基苯酚（间甲酚）和4-甲基苯酚（对甲酚）是甲酚的两种异构体，是重要的精细化工中间体，广泛运用于农药、医药、染料、香料、抗氧剂等产业。以苯酚和甲酚为原料的产品在生产和消费过程中不可避免地产生挥发、泄漏、过量反应和使用残留，对土壤和水源造成污染（陈军，2014；曾群英等，2008）。

如表3-11所示，1/5垃圾土样品中检验出苯酚，浓度为0.1mg/kg；3/5样品中检验出间对甲酚，浓度为0.1～0.3mg/kg；其余13项苯酚类有机污染物均未检出。

我国《地表水环境质量标准》（GB 3838—2002）规定了苯酚、甲酚等挥发酚在地表水中的环境质量标准限值，但对土壤中苯酚、3-甲基苯酚浓度未作规定。《展览会用地土壤环境质量评价标准（暂行）》规定土壤中4-甲基苯酚浓度限值为39mg/kg，垃圾土中4-甲基苯酚浓度低于该标准规定的土壤环境质量评价标准限值。

表3-11　苯酚类浓度测定表

检验项目	取样地点					检出率
	昌平	密云	石景山	丰台	通州	
苯酚*/（mg/kg）	nd	nd	nd	nd	0.1	1/5
3-甲基苯酚和4-甲基苯酚/（mg/kg）	0.2	nd	nd	0.1	0.3	3/5

注：nd表示未检测到该项污染物。*为EPA公布的优先控制污染物。

2. 多环芳烃类

多环芳烃（PAHs）是具有两个或两个以上苯环的稠合碳氢化合物，性质稳定、难降解，具有致畸、致癌、致突变的作用，是《斯德哥尔摩公约》中首批受控12种持久性有机污染物之一。

PAHs来源于有机物的不完全燃烧和高温分解。火山爆发、森林及草原自燃、植物及微生物合成等原因导致土壤中天然存在着少量的PAHs，人为排放源主要有工业活动、机动车辆、居民取暖、露天焚烧、热电厂等。空气中的PAHs通过大气沉降进入水环境和土壤环境中。PAHs疏水性强，通常与土壤中的有机物紧密结合，长时间滞留在环境中。

如表3-12所示，垃圾土中PAHs总浓度为0.1~1.5mg/kg。Tang等（2005）检测得出北京不同利用方式的土地PAHs总浓度为0.366~27.825mg/kg，何江涛等（2010）测得北京郊区再生水灌溉农田及污灌农田PAHs总浓度分别为0.207mg/kg及0.726mg/kg，丁爱芳（2007）检测得出江苏省农用地的PAHs总浓度为0.046~2.287mg/kg。Cai等（2008）综述了我国土壤中PAHs的污染现状，计算得出不同城市不同土地利用方式下土壤PAHs总浓度均值为（1.2±1.1）mg/kg。可见，垃圾土中PAHs总浓度未明显高于城市或农田土地。

表3-12　多环芳烃浓度测定表

单位：mg/kg

检验项目	取样地点					检出率
	昌平	密云	石景山	丰台	通州	
2-甲基萘	nd	nd	nd	0.1	nd	1/5
菲*	0.1	nd	nd	0.4	0.2	3/5
荧蒽*	nd	nd	0.2	0.4	0.2	3/5
芘*	nd	nd	0.2	0.3	0.2	3/5
苯并[a]蒽*	nd	nd	0.1	nd	nd	1/5
屈*	nd	nd	0.2	0.1	0.1	3/5
苯并[b]荧蒽*	nd	nd	0.2	0.1	0.1	3/5
苯并[k]荧蒽*	nd	0.1	nd	0.1	0.1	3/5
苯并[a]芘*	nd	nd	0.1	nd	nd	1/5
多环芳烃	0.1	0.1	1	1.5	0.9	5/5

注：*为EPA公布的优先控制污染物。

　　垃圾土中检出9种PAHs，其中8种为EPA公布的优先控制项目。垃圾土中PAHs组成以4环及5环化合物为主，检出率及检出浓度最高的污染物是荧蒽、芘和菲，其中荧蒽具有助癌性，尽管本身无致癌活性，但能够增强致癌作用。苯并[a]蒽、屈、苯并[b]荧蒽、苯并[a]芘具有不同程度的致癌性，但检出率及浓度较低。垃圾土中PAHs浓度均低于《展览会用地土壤环境质量评价标准》规定的土壤环境质量评价标准限值。

　　由于菲的溶解度较高，容易被植物吸收并在食物链中富集，对环境的影响严重（丁俊男等，2014）。沈小明（2007）在菲浓度为5.2～192.8mg/kg的土壤中培育玉米一周后，玉米根系菲浓度为0.16～0.71mg/kg，茎叶中菲浓度为0.03～0.15mg/kg。但研究表明，低浓度的菲对植物生长没有显著影响（丁俊男等，2014；Gao & Zhu，2004）。

3. 邻苯二甲酸酯类

邻苯二甲酸酯（PAEs）俗称酞酸酯。PAEs的用途广泛，脂肪侧链碳原子数为1~4的PAEs主要用于密封用品、黏合剂、墨水原料等，烷基碳原子数大于6的PAEs主要用于塑料改性剂和增强剂等。塑料膜、塑料袋、保鲜盒、快餐盒、塑料玩具、学习用品、医疗用品、农药、驱虫剂、化妆品、润滑剂、去泡剂等商品都含有PAEs，含量一般为20%~50%。

由于PAEs与塑料分子之间通过氢键或范德华力连接，稳定性较差，容易从塑料中流失进入环境。土壤腐殖质对PAEs具有强烈的吸附作用，但不同分子量和结构的PAEs溶解度、存在方式和生物可利用性具有显著的差异。PAEs对生物，特别是水生生物具有急性毒害作用，作用效果受到化合物种类、浓度、对象及暴露时间的影响。PAEs是环境激素，对动物的内分泌具有干扰作用（赵胜利等，2009；夏凤毅，2002）。所测6种PAEs均被美国EPA列为优先控制污染物，其中3种被我国列入水中优先控制污染物"黑名单"。

如表3-13所示，4/5垃圾土样品检出邻苯二甲酸二正丁酯（DBP），浓度为0.6~0.8mg/kg，所有样品均检出邻苯二甲酸二乙基己基酯（DEHP），浓度为2~13mg/kg，其余4项PAEs均未检出，PAEs总浓度为2~13.7mg/kg。垃圾土中的DBP及DEHP浓度均低于《展览会用地土壤环境质量评价标准（暂行）》规定的土壤环境质量评价标准限值。

DBP和DEHP是我国最常用的塑料添加剂（安琼、靳伟，1999），也是土壤中浓度最高的PAEs类污染物，通常占PAEs总浓度的24%~95%（Cai et al.，2008）。赵胜利等（2009）测得珠三角城

表3-13　邻苯二甲酸酯类浓度测定表

单位：mg/kg

检验项目	取样地点					检出率
	昌平	密云	石景山	丰台	通州	
邻苯二甲酸二正丁酯*	0.6	0.7	nd	0.8	0.7	4/5
邻苯二甲酸二乙基己基酯*	3	3	2	6	13	5/5
邻苯二甲酸酯类	3.6	3.7	2	6.8	13.7	5/5

注：*为EPA公布的优先控制污染物。

市农用地PAEs总浓度为0.6~3.7mg/kg，DEHP浓度为0.05~0.25mg/kg。Zeng等（2009）测得广州不同利用类型土壤PAEs总浓度为1.67~32.2mg/kg，DBP浓度为0.206~30.1mg/kg，DEHP浓度为0.892~264mg/kg。Kong等（2012）测得天津城郊不同利用类型土壤PAEs浓度为0.05~10.4mg/kg，DBP浓度为0.020~0.285mg/kg，DEHP浓度为0.026~4.17mg/kg。Cai等（2008）计算得到我国不同城市不同土地利用方式下土壤PAEs总浓度均值为（5.5±6.8）mg/kg。可见，垃圾土中DBP及DEHP浓度未明显高于城市或农田土壤。

4. 有机氯农药类

有机氯农药（OCPs）是一种杀虫广谱、毒性较强、残留期长的化学杀虫剂，在自然条件下难以降解，容易在环境和人体组织中积累，造成危害。20世纪70年代，各国陆续禁用OCPs。2004年《斯德哥尔摩公约》生效后，艾氏剂、氯丹、DDT、狄氏剂、异狄氏剂、灭蚁灵等有机氯农药在各缔约国受到严格控制和削减。我国自20世纪50年代开始使用DDT，到1983年为止，总产量达40万吨，占世界总产量的20%（Zhang et al., 1999）。1982年以来，我国先后停止了七氯、毒杀分等OCPs的生产和使用。2009年起，除紧急情况（病媒防治）外，DDT被禁止在我国境内生产、流通、使用和进出口，氯丹、灭蚁灵禁止在我国境内生产、流通、使用和进出口。

检测结果表明，2/5垃圾土样品中含有4,4'-DDE，浓度均为0.02mg/kg，低于《土壤环境质量标准》中一级土壤的限值（0.05mg/kg）。其余20项有机氯农药类污染物均未检出。

DDE是DDT在好氧条件下微生物降解的产物，在厌氧条件下DDE被继续降解为DDD（Foght et al., 2001）。冯雪等（2011）测得吉林市农地土中DDT及其衍生物总浓度为0.118mg/kg。蒋煜峰等（2010）测得上海城市土壤DDT及其衍生物总浓度为0.002~0.080mg/kg，DDE浓度为0.001~0.054mg/kg。可见，垃圾土中OCPs总浓度和DDE浓度未明显高于城市或农田土壤。

值得注意的是，《土壤环境质量标准》的发布与实施至今已有20多年，工业化、城市化、农业现代化导致土壤环境问题复杂化。近年来，科研机构对污染物环境过程、形态、有效性、生态毒性展开了深入的研究。2006年，经环境保护部立项，由环境保护部南京环境科学研究院牵头，对《土壤环境质量标准》进行修订。2016年，环境保护部发布修订草案《农用地土壤环境质量标准（三次征求意见稿）》，细化了pH5.5以下土壤的分档，在原规定的8项重金属、2项指标的基础上增加了锰、钴、硒、钒、锑、铊、钼、氟化物、苯并[a]芘、石油烃类、邻苯二甲酸酯类11种污染物项目；《建设用地土壤污染风险筛选指导值（三次征求意见稿）》将建设用地划分为住宅类敏感用地和工业类非敏感用地，规定了9类103项污染物风险筛选指导值。新标准实施后，存量垃圾土的评价、处理和利用方式应随之修正。

本节试验中，一些SVOCs的检出限较高，污染项目未检出，不能说明垃圾土无风险。例如，试验中PCBs的检出限为0.01mg/kg，22项PCBs均未检出，根据《展览会用地土壤环境质量评价标准（暂行）》，垃圾土的PCBs总量未超标。但由于PCB126及PCB169结构接近二噁英（2378-TCDD），具有很高的毒性（张志等，2009），《建设用地土壤污染风险筛选指导值（三次征求意见稿）》中将PCB126及PCB169的污染风险筛选指导值拟定为0.5μg/kg，是规定的12种PCBs中筛选值最严格的污染物。对于垃圾土中污染物检出限高于拟定风险筛选值的项目，其安全性需要进一步研究。

第四节　大肠菌群

大肠菌群是指37℃培养24h后能够发酵乳糖、产酸产气的需氧或兼性厌氧的革兰氏阴性无芽孢杆菌，主要包括肠杆菌科的大肠埃氏菌、枸橼酸杆菌、克雷伯氏菌和阴沟肠杆菌，是卫生检测中常用的粪便污染指示菌。

供检测样本为北京昌平、密云、石景山、丰台、通州5个垃圾处理厂经过10mm筛分的垃圾土，于2012年委托北京市理化分析测试中心，根据《城市污水处理厂污泥检验方法》（CJT 221－2005）测定总大肠菌群数。

检测结果如表3-14所示，垃圾土中的大肠菌群为330～790 MPN/g。Khalil等（2011）测得城市污泥中经过16周堆肥后大肠菌群从3.2×10^9MPN/g下降至3～14MPN/g。Nafez等（2015）测得污泥及园林混合废弃物经过12～15周堆肥后大肠菌群从$5.67 \times 10^7 \sim 7 \times 10^7$ MPN/g下降至0～274MPN/g。Quina等（2014）测得畜牧副产品堆肥50d后大肠菌群为100～1000MPN/g。Varma和Kalamdhad（2015）测得畜粪和园林混合废弃物堆肥20d后大肠菌群从$9.3 \times 10^{10} \sim 1.6 \times 10^{12}$MPN/g下降至210～9300MPN/g。由此可见，垃圾堆肥中大肠菌群数量与堆肥时间具有明显的相关性。垃圾土中的大肠菌群最可能数显著低于城市垃圾，接近短期堆肥产品。

表3-14 大肠菌群测定表

单位：MPN/g

检验项目	取样地点					均值	极大值	极小值	标准差
	昌平	密云	石景山	丰台	通州				
大肠菌群	330	490	790	490	330	486	790	330	188

根据EPA（2003）对A级有机固体废弃物（Biosolid）的规定，粪大肠菌小于1000MPN/g能够满足细菌性病原体的卫生要求，由于粪大肠菌是大肠菌群的一部分，检测结果表明垃圾土能够满足细菌性病原体的卫生要求。尽管如此，符合该条件的有机固体废弃物还需在规定的温度、pH和时间内处理，以去除肠道病毒、寄生虫卵等病原体，降低对啮齿动物和昆虫等病原携带者的吸引。

第五节　垃圾土松散堆积体水分及径流特性

存量垃圾土质地松散、抗剪强度低、压缩性强。对垃圾土松散堆积水分及径流特征进行研究有助于指导存量垃圾的开采和筛分，选择适宜的垃圾土运输、储存和应用方式，防治水土流失及其他安全隐患。

2012年，约100m³垃圾土被运至试验地，均匀混合，露天堆放。垃圾土松散体按图3-4堆积，高2.2m，坡度为25°～30°，坡底没有进行防渗处理。使用附近的土坡作为对照，土坡的坡形、堆积时间与垃圾土相同。垃圾土及土坡的中部各埋设有1根PVC管，2013年5月至2014年6月，每月3次，使用Diviner 2000水分速测仪测量10～60cm体积含水量。将Diviner 2000的电容探头插入安装好的PVC管后，可以测量垂直方向每间隔10cm、半径为5～10cm的电容，计算介电常数，利用土壤三相体的介电常数计算含水量（吴世艳等，2009）。

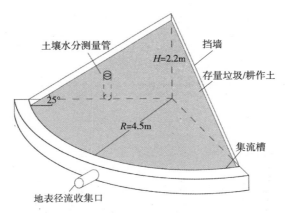

图3-4　垃圾土松散堆积体径流收集图

　　垃圾土松散堆积体及土坡坡脚均设有集流槽和地表径流收集口，连接埋在地下的径流收集箱。2013年6～9月，每次降雨1d后测量地表径流量。使用Davis便携式气象站监测试验区大气温度、相对湿度、风速、降水量等气象因子。试验期间共测量16次降雨，包括5次小雨（0.1～9.9mm/d）、7次中雨（10.0～24.9mm/d）、3次大雨（25.0～49.9mm/d）、1次暴雨（50.0～99.9mm/d），降雨等级根据《降水量等级》（GB/T 28592—2012）确定。

　　1. 自然降雨条件下垃圾土松散堆积体水分特征

　　（1）垃圾土水分空间分布特征

　　垃圾土深度为10～60cm时年平均含水量为17.1%，土坡为14.9%，如图3-5所示，垃圾土年平均含水量随土壤深度的增加先增加后维持稳定；10cm含水量最低，显著低于30cm、50cm、60cm深度的含水量；50cm深度的含水量最高，显著高于10～40cm深度的含水量（$P < 0.05$）。总体上看，土坡年平均含水量随土壤深度的增加而增加，但20cm深度处有一个峰值；10cm、30cm深度的含水量最低，显著低于20cm、50cm、60cm深度的含水量；60cm深度的含水量最高，显著高于

10cm、30cm、40cm深度的含水量（$P < 0.05$）。

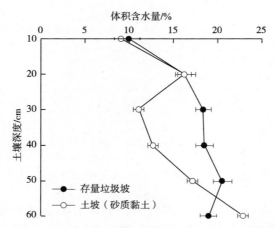

图3-5　垃圾土松散堆积体土壤年平均含水量垂直分布

在自然降水条件下，垃圾土及土坡深度10~20cm的土层年平均含水量没有显著差异。在30cm、40cm、50cm深度，垃圾土的年平均含水量显著高于土坡（$P < 0.05$），分别为土坡含水量的1.66倍、1.46倍和1.19倍，说明垃圾土的保水性较强，与其较高的孔隙度和田间持水量一致。在60cm深度，垃圾土的含水量显著低于土坡（$P < 0.05$），为土坡含水量的82.9%。

（2）垃圾土含水量与降水量的相关分析

相关分析表明，垃圾土深度10~60cm各层的月平均含水量均与月降水量具有显著的线性正相关关系（$P < 0.01$），相关系数为0.804~0.876。土坡10~30cm各层的月平均含水量与月降水量显著线性相关（$P < 0.05$），相关系数为0.638~0.662，但是30cm以下各层月含水量与月降水量相关性不显著（表3-15）。

垃圾土10~60cm各层的月平均含水量均与月降水量显著正相关，而土坡仅10~30cm各层月平均含水量与月降水量显著相关，说明垃圾

表3-15　不同深度垃圾土月平均含水量与月降水量Pearson相关系数

土样类型	土层深度/cm					
	10	20	30	40	50	60
存量垃圾土	0.804**	0.876**	0.849**	0.826**	0.840**	0.846**
土坡（砂质黏土）	0.662**	0.638*	0.657*	ns	ns	ns

注：*表示该层（每10cm）垃圾土月平均含水量及月降水量相关系数在0.05水平上显著，**表示相关系数在0.01水平上显著，ns表示相关系数在0.05水平上不显著。

土松散堆积体各层均接受降水补给，而土坡仅表层土壤受到降水的显著影响。与土坡（砂质黏土）相比，垃圾土的渗透速率较高，因此更多的降水渗入坡体；由于保水性强，渗入的降水能够蓄存在坡体中，因此各层含水量均受降水量影响。由于砂质黏土的渗透速率较低，当降雨强度大于下渗速率时，部分降水以地表径流的形式流失，不进入坡体，可能导致土壤含水量尤其是下层含水量与降水量的相关性较弱。

2. 自然降雨条件下垃圾土坡面径流特征

试验期间，垃圾土松散堆积体每次小雨平均产生地表径流0.054mm，土坡为0.436mm；每次中雨平均产生地表径流0.395mm，土坡为0.810mm；每次大雨平均产生地表径流1.921mm，土坡为2.395mm；唯一的暴雨（降雨量为59.2mm/d，最大雨强58.4mm/h）产生地表径流8.375mm，土坡仅2.672mm。

在自然降雨条件下，垃圾土及土坡的径流量均有很大的变异性，变异系数为87%～195%。因此，在不同等级的降水条件下，垃圾土与土坡径流量的差异均未能通过显著性检验。但是如图3-6所示，在小雨、中雨和大雨条件下，垃圾土的平均地表径流量均小于土坡，分别为土坡平均地表径流量的12.5%、48.8%和80.2%。将小雨、中雨和大雨条件下的径流数据混合后检验，即在降雨强度小于50mm/d的条件下，垃圾土及土坡径流量具有显著差异（$P<0.05$）。

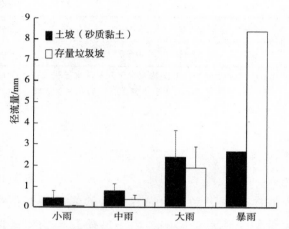

图3-6　自然降雨条件下存量垃圾土松散堆积体及土坡径流量

由于存量垃圾的渗透速率高，在小雨、中雨、大雨条件下，垃圾土松散堆积体产生的地表径流量均小于土坡。但是在试验期间的一次暴雨中，垃圾土的地表径流量为土坡的3.1倍，这可能是一种蓄满产流的情况，即高强度的长历时降雨导致坡体基本饱和时径流的产生方式。由于垃圾土的初始含水量比较高，在暴雨条件下可能比土坡先达到饱和，此时降水几乎全部以径流的形式损失。

3. 人工降雨条件下垃圾土松散堆积体产流产沙特征

近年来，北京暴雨频发。2012年7月21日至22日，北京市平均降雨170mm，最大降雨量达460mm。2015年9月4日至5日，北京持续降雨近30小时，最大降雨量为179.5mm。2016年7月19日至21日，北京持续降雨超过55小时，市平均降雨212.6mm，最大降雨量达453.7mm，最大雨强达56.8mm/h。

尽管极端暴雨过程在北京地区是小概率事件，但近40年来，夏季降水结构发生变化，短历时降水总量增多，长历时降水总量下降。近10年来，短历时强降水在北京多次出现（孙继松等，2015）。使用人工降雨试验研究短历时暴雨条件下垃圾土松散堆积体的产流、产沙特性对垃圾土的处理和应用具有指导意义。

试验中将垃圾土倒入长、宽、高分别为1m、0.4m、0.15m的侵蚀槽内，调节坡度为40°（接近自然休止角），移入人工降雨室。侵蚀槽设有上、下出水口，分别收集地表、地下径流，测定径流体积。静置、过滤、烘干后测定土壤侵蚀量。模拟降雨器使用7号针头，针头密度为175个/m²，降雨高度为8m，历时1h，通过水压控制降雨强度分别为80mm/h和130mm/h。试验前用铝盒取样，烘干测量质量含水量。本试验操作三次。

人工降雨前测定存量垃圾土的质量含水量，为14.4%～20.9%。测试结果如图3-7所示，垃圾土的地表、地下径流强度随着降雨历时先增加后稳定，与降雨历时具有显著的对数函数关系（$P<0.01$），方程决定系数为0.743～0.904。130mm/h降雨强度下的地表、地下径流含沙率及80mm/h降雨强度下的地表径流含沙率随着降雨历时先下降后稳定，与降雨时间具有显著的对数函数关系（$P<0.01$），方程决定系数为0.066～0.377；80mm/h降雨强度下的地下径流含沙率与降雨历时相关性不显著。

尽管130mm/h降雨强度下的径流强度及含沙率明显高于80mm/h降雨强度下的径流强度及含沙率（图3-7），但是统计检验表明，1h历时内的平均地表径流强度、含沙率、产沙量及平均地下径流含沙率、产沙量在不同强度的暴雨冲刷下没有显著差异（表3-16），说明暴雨条件下垃圾土的地表产流及地表、地下产沙量存在较大的不确定性。1h历时内的平均地下径流强度随降雨强度增加而显著增加（$P<0.01$）。在暴雨冲刷下，垃圾土地表径流强度及地表径流含沙率接近生产建设项目弃土堆（赵暄等，2013）。

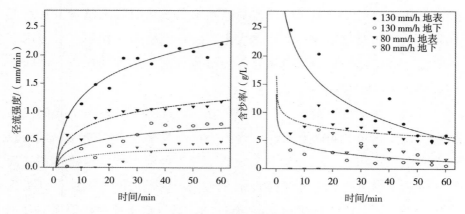

图3-7　垃圾土人工降雨径流产沙历程

表3-16　人工降雨条件下垃圾土产流、产沙特性

降雨强度 /（mm/h）	径流强度/（mm/h）		产沙量/g		含沙率/（g/L）	
	地表	地下	地表	地下	地表	地下
80	57.5 ± 20.5	14.8 ± 3.0*	118.8 ± 39.2	10.8 ± 2.8	6.7 ± 0.4	3.2 ± 1.3
130	105.9 ± 45.8	32.8 ± 2.7*	373.5 ± 195.9	18.0 ± 5.0	19.2 ± 15.0	2.6 ± 1.6
平均	81.7 ± 41.4	23.8 ± 10.2	246.0 ± 188.2	14.4 ± 5.3	13.0 ± 11.7	2.9 ± 1.4

注：*表示指标在不同降雨强度下具有显著差异。

第六节　垃圾土与植物

1. 垃圾土浸提液对种子萌发的影响

垃圾土浸提液中富含的有机质和营养物质可能直接促进种子萌发，也可能提高微生物活性，通过微生物活动产生的植物生长调节因子促进种子萌发（Atiyeh et al., 2002）。另一方面，浸提液中存在的重金属或其他污染物可能对种子萌发产生不利影响（Phoungthong et al.,

2016）。

试验材料为木本植物刺槐、紫穗槐，草本植物紫花苜蓿、高羊茅、紫花地丁和二月兰的种子。垃圾土浸提液的制作参考《固体废物浸出毒性浸出方法　水平振荡法》（HJ 557—2009），根据试验目的进行调整。挑除垃圾土样品中的杂物后研磨，使颗粒全部过3mm筛。由于垃圾土（松散及堆积平均）容重为1.095g/cm，总孔隙度为50.3%，按1.095g∶0.503mL混合干燥的筛分土和浸提液（水），置于提取瓶，塞紧瓶盖后垂直固定在水平振荡装置上，在室温下振荡8h后取下提取瓶，静置16h，用滴管吸取上层清液，即为垃圾土浸提液。在培养皿底衬一层滤纸作发芽床，用浸提液或蒸馏水（对照）润湿，根据种子大小每个培养皿内放置30～50颗种子，置于25℃的室内。每日记录发芽种子数，用蒸馏水湿润滤纸。试验期为21d，根据发芽种子数计算发芽率，试验操作三次。

如表3-17所示，使用垃圾土浸提液做发芽试验，紫穗槐、刺槐、高羊茅、二月兰、紫花地丁、紫花苜蓿发芽率分别为42%、52%、65%、91%、57%、82%，对照分别为45%、50%、68%、89%、43%、84%。方差分析表明，垃圾土浸提液对6种植物种子发芽率均没有显著影响。

表3-17　种子发芽率

单位：%

植物	紫穗槐	刺槐	高羊茅	二月兰	紫花地丁	苜蓿
垃圾土浸提液	42 ± 5	52 ± 5	65 ± 4	91 ± 3	57 ± 4	82 ± 2
对照	45 ± 9	50 ± 6	68 ± 2	89 ± 3	43 ± 10	84 ± 2

2. 垃圾土对苗木生长的影响

试验材料为一两年生花木蓝、桑树、沙地柏和侧柏幼苗。苗木原在苗圃种植，2012年10月移栽至直径30cm、高30cm的塑料盆，盆内为垃圾土或耕作土（对照）。桑树较小，每盆2~4株，其余每盆1株，垃圾土或耕作土每种各15盆。移栽后浇水至12月，每周一次；2013年3~7月，每周浇水一次。2013年5~7月测量各植株株高、地径生长量，计算相对生长量。

　　如图3-8所示，5~6月，垃圾土种植的花木蓝相对株高、地径生长量均显著低于对照（$P<0.05$），分别为对照的21.4%和37.9%；沙地柏的相对株高、地径生长量与对照差异不显著。由于5月桑树未返青，侧柏出现大量枯梢，不对其5~6月相对生长量进行分析。

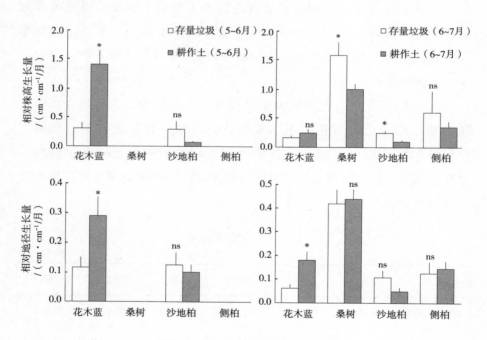

图3-8　盆栽植物相对生长量

注：*表示垃圾土对照处理在0.05水平上差异显著，
ns表示两者在0.05水平上差异不显著。

　　6~7月，垃圾土种植的桑树、沙地柏的相对株高生长量均显著高于对照（$P<0.05$），分别为对照的1.56倍和2.56倍，但两者的相对地径生长量均与对照没有显著差异。垃圾土种植的花木蓝相对地径生长量显著低于对照（$P<0.05$），为对照的33%，但相对株高生长量没有显著差异。垃圾土种植的侧柏相对株高、地径生长量均与对照没有显著差异。

总体来看，垃圾土有利于桑树、沙地柏幼苗生长，不利于花木蓝幼苗生长，对侧柏幼苗生长没有显著影响。

第四章 存量垃圾–石砾人工土体的配制及基本特征

存量垃圾土中含有丰富的有机质和氮、磷、钾等植物生长所需的营养元素，作为植物生长基质具有良好的应用前景。然而，存量垃圾从垃圾填埋场开采出来后，经过筛分，原有的结构被破坏，松散垃圾土孔隙度大，渗透速率高，抗剪强度低，质地松散，物理结构不稳定。此时如果不采取防护措施，遭逢长时间的连续降水或暴雨，松散堆积体可能发生严重的水土流失。2015年发生的"12·20"恒泰裕工业园山体滑坡灾害事故给垃圾土的堆放管理敲响了警钟。覆盖措施能够防止降雨击溅和径流的冲刷，排水措施能够减少地表水在坡面的滞留和下渗导致的土壤水吸力下降，工程措施能够提高垃圾土松散体的稳定性。在实际应用中，水分常数和坡体稳定性之间应予权衡。机械压实能够提高垃圾土的抗剪强度和松散堆积体的承载能力（Kim & Lee, 2005），但是由于渗透能力下降，坡面径流量可能增加（Garrigues et al., 2013），此时应通过排水沟汇集地表径流，干旱地区可以结合蓄水措施合理利用水资源。

除了机械压实以外，垃圾土可以混合其他的固体废弃物，如采石作业遗留的粗颗粒渣石和采煤作业产生的煤矸石等，配合制作适宜植物生长的人工土。粗颗粒渣石的大孔隙不保水，缺乏有机质，直接种植植物难以存活。正因如此，采石、采矿废弃地的植被修复十分困难。垃圾土恰好能够提供植物生长所需的水分和养分，而粗颗粒渣石能够提供颗粒间的咬合力和摩擦力，从而提高抗剪强度（王冠、陈坚，2015）。张华（2013）利用垃圾土和采石场迹地的弃渣土配制人工土，试验证明，与单纯的渣土相比，垃圾土、弃渣构建的人工土含水量、种植植物的存活率、植物生长量均较高。

矿区建设和开山采石的过程中产生了大量废弃物，可高达石矿总量的70%（Castro-Gomes et al., 2012；Akbulut & Gürer, 2007）。采石废弃物堆积占用了大量土地，破坏了景观，并存在安全隐患，采石场迹地生态修复必须首先解决采石废弃物的处理问题。近年来，采石废弃物被用作混凝土和瓷砖生产原料及高速公路的建筑材料，但多数研究集中在粒径小于4～5mm的细颗粒，对粗颗粒渣石的研究，尤其是对其原地运用在迹地生态修复中的研究比较少（Amin et al., 2011；Safiuddin et al., 2010, 2007）。

粗颗粒渣石结构松散，颗粒间常为点接触，具有容重大、抗剪强度高、沉陷变形小、透水性强的特点（郭庆国，1990），恰好与垃圾土抗剪强度低、压缩性大的特点互补。石砾是常用的地表覆盖材料，能够防止风、风沙流、雨水等对地表的直接作用。一些研究表明，表层碎石覆盖有减少坡面径流和土壤侵蚀的作用（Descroix et al., 2001）。研究表明，在含砾石土壤中，随着石砾含量增加，坡面产流时间推迟，土壤的入渗量和入渗速率发生改变。郭晶晶等（2013）利用采石场弃渣土、羊粪、秸秆和木炭粉配制人工土，结果表明，采石场弃渣土可以作为人工土的组成部分，1kg弃渣土（<10mm）+9g羊粪+220g秸秆+6g木炭粉是适宜高羊茅生长的较优配比。

将垃圾土与采石作业遗留的粗颗粒渣石相结合，配制成适宜植物生长的人工土，运用于采石场迹地植被建设，一方面能够改善垃圾土的物理性质，另一方面能够减少采石弃土弃渣量。将石砾（粒径2~3cm）与垃圾土按照不同的体积比混合，可配制成采石场迹地植被修复中供植物生长的存量垃圾-石砾人工土。本章将对该人工土的物理、工程性质进行测试；通过径流小区试验，对自然降雨条件下坡面径流量、坡体含水量、植物生长量做长期观测，研究垃圾土与石砾配比对人工土的坡面径流特征、土壤水时空分布特征、蒸散特性、持水能力和植物生长适宜性的影响；寻找存量垃圾土与石砾的适宜配比，从而解决混合使用存量垃圾土与粗颗粒采石废弃物在植被恢复中的应用问题。

本章试验中将垃圾土和粒径为2~3cm的石砾以8∶1、7∶3、1∶1、3∶7、1∶8的体积比均匀混合，标记为M1~M5。石砾购自当地的石料市场，石砾密度为2.91g/cm³。根据《土的工程分类标准》（GB/T 50145—2007），由于M1~M5中粗粒（粒径为0.075~60mm）质量分数均大于50%，为粗粒土，其中M1为砂类土，M2~M5为砾类土。

第一节　水分物理常数

垃圾土的土粒密度为1.61~2.31g/cm³，石砾密度为2.91g/cm³，因此，石砾的含量越大，人工土的土粒密度越大，高于大多数矿质土壤的土粒密度（2.6~2.7g/cm³）。土壤容重受到土粒密度制约，土粒密度不同，相同容重下土壤孔隙度差异很大，通气状况截然不同（Lal &

Shukla, 2004）。按照传统的概念，通常把2~3mm作为农业土壤粒径的上限，在室内制备土壤样品时将石砾筛分出去。但是石砾是人工土的重要组成部分之一，对人工土的水分常数、通气性、强度特性具有重要影响。蒋俊明等（2008）认为，应该区分土壤容重和土体容重，土壤容重不包含石砾，是养分储存和供给的基础，而包括石砾的土体容重是计算孔隙率和水分物理性质的基础。本书所指容重均指包含石砾的人工土容重。

用环刀法测量人工土的容重、孔隙度、田间持水量，结果如图4-1所示。与松散的垃圾土相比，人工土的容重显著增加，孔隙度、田间持水量显著下降（$P < 0.05$）。人工土的容重、孔隙度、田间持水量分别为松散垃圾土的175%~199%、55.5%~85.7%、19.1%~91.2%。

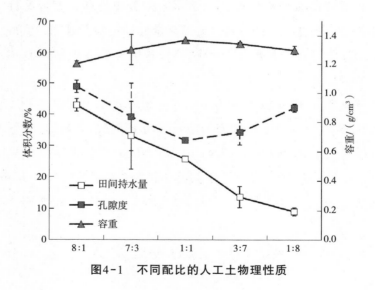

图4-1　不同配比的人工土物理性质

不同配比的人工土田间持水量差异显著（$P < 0.01$），随着垃圾土体积分数降低，田间持水量显著下降。不同配比的人工土容重、孔隙度差异均不显著，但随着垃圾土体积分数降低，人工土的容重有先升高后下降的趋势，孔隙度有先下降后升高的趋势。

第二节　抗剪强度

　　试验材料为存量垃圾土及M1～M5配比的人工土。在自然含水量条件下，将松散的土体倒入剪切盒，在上方均匀施加0、2kPa、5kPa、8kPa的垂直应力，测量5cm位移内剪应力峰值。由于垃圾土和石砾的黏聚力为0（张文杰等，2010；郭庆国，1990），仅根据莫尔-库伦破坏理论计算内摩擦角。将正应力、剪应力代入方程：

$$\tau = \sigma \tan\varphi + c \tag{4-1}$$

其中，τ为剪应力，σ为正应力，φ为内摩擦角，c为黏聚力。使用最小二乘法计算斜率，求内摩擦角。

　　由于试验期间垃圾土接近自然风干状态，含水量较低，此时测得无附加荷载的条件下垃圾土抗剪强度为1.14kPa。

　　如图4-2所示，在无附加应力的条件下，M1～M5的抗剪强度分别为1.21kPa、1.70kPa、1.91kPa、2.24kPa、2.29kPa。M1的抗剪强度与垃圾土差异不显著，但M2、M3的抗剪强度显著高于M1，M4、M5的抗剪强度显著高于M1、M2、M3（$P<0.05$）。总体来看，随着垃圾土体积分数下降，人工土的抗剪强度增加。

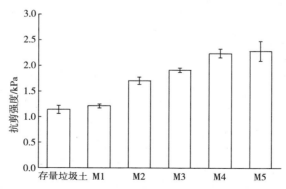

图4-2　无附加应力条件下垃圾土及人工土抗剪强度

　　土壤的抗剪强度指标包括内摩擦角和黏聚力。城市垃圾的抗剪强度指标与降解程度有关。张文杰等（2010）的研究表明，随着填埋年限的增加，城市垃圾的有效黏聚力从21.6kPa下降到0，有效内摩擦角从9.6°增加到29.5°。谢强（2004）测得不同含水量的存量垃圾内摩擦角为36.4°～41.6°。

　　王冠和陈坚（2015）认为，粗粒土的抗剪强度与粗、细粒的含量有关。当垃圾土的体积分数较大的时候，石砾悬浮在垃圾土中，人工土的抗剪强度主要由垃圾土决定；随着垃圾土的体积分数下降，石砾开始互相接触，抗剪强度随石砾含量的增加显著增加；当垃圾土不能填满石砾骨架之间的间隙时，抗剪强度随石砾含量的增大反而有所降低。李振和李鹏（2002）发现，粗粒土的咬合力随粗粒含量的增加而增大。

　　由表4－1可知，垃圾土及不同配比的人工土内摩擦角为30°～36°，没有显著差异，可能是由于试验施加的法向应力较小且过于接近。这也说明，配比改变了人工土的自重；随着垃圾土的体积分数降低，人工土的自重增加，导致内摩擦力和抗剪强度增加。

表4-1　垃圾土及人工土内摩擦角

单位：（°）

土样类型	内摩擦角	内摩擦角下限	内摩擦角上限
存量垃圾土	35	32	38
M1	36	33	38
M2	34	29	38
M3	32	27	37
M4	30	24	36
M5	33	27	39

第三节　人工土体坡面径流特征

2012年布设径流小区，小区朝北，宽2.75m、长3.55m。将M1～M5人工土按图4-3铺成厚度为70cm的坡面，坡度为38°。坡脚设有地表径流收集口，坡底经过防渗处理，无法蓄存的水分作为地下径流排出并通过地下径流采集箱收集（图4-4）。

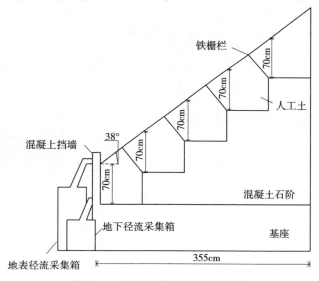

图4-3　人工土径流小区设计图

径流小区栽有花蓼、扶芳藤、马蔺、紫丁香和沙地柏5种植物，伴生有狗尾草、马唐、反枝苋、小花鬼针草、裂叶牵牛、稗子、藜和萝藦等杂草。

2015年6月小区植被遭到破坏，2015年7月补种，补种植物种为刺槐、高羊茅、二月兰、紫花地丁。

2013年6～10月、2014年5～8月分别收集地表径流、地下径流，每次降雨1d后用量筒量取径流量，按小区面积换算成径流深度。2013年共测量21次降雨，包括8次小雨（0.1～9.9mm/d）、9次中雨

（10.0 ～ 24.9mm/d）、4次大雨（25 ～ 99.9mm/d）；2014年共测量11次降雨，包括4次小雨、6次中雨、1次大雨。

图4-4　人工土径流小区

1. 配比对径流量的影响

两年试验期间，M 1 ～ M 5 径流小区累计地表径流量分别为1.670mm、0.626mm、1.252mm、2.128mm、1.952mm，各径流小区的累计地表径流量差异较小且没有规律。M1 ～ M5累计地下径流量分别为2.500mm、2.059mm、4.829mm、17.196mm、14.005mm。随着垃圾土的体积分数降低，径流小区的累计地下径流量增加。由于径流的主要成分是地下径流，累计径流总量的变化趋势与地下径流的变化趋势一致。

在小雨情况下，各径流小区地表、地下径流量均没有显著差异，但M5的总径流量显著高于M2和M3（$P < 0.05$）。在中雨情况下，各径流小区地表径流量具有显著差异（$P < 0.05$），M2的地表径流量显著低于M3、M4、M5，但地下径流量和总径流量均没有显著的差异。在

大雨情况下，各径流小区地表、地下径流量及总径流量均没有显著差异。然而，如图4-5所示，在中雨及大雨条件下，M4、M5的地下径流量及总径流量明显高于M1～M3，统计检验不显著可能是因为自然条件下的降雨量、降雨历时、降雨强度及雨前土壤含水量差异较大，导致每次降雨事件的产流量差异性较大（刘战东等，2012）。

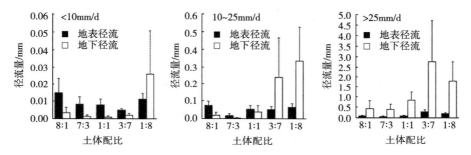

图4-5　不同配比的人工土径流小区每次降雨径流量

加入石砾后，人工土的渗透性增强。人工土径流小区在小雨、中雨和大雨条件下的地表产流量分别为0.005～0.015mm、0.016～0.073mm和0.062～0.275mm，低于存量垃圾土在相同降雨强度下的地表产流量。

2. 降水量等级对径流量的影响

如图4-6所示，随着降水量等级增加，不同径流小区的地表径流量、地下径流量及总径流量增加。人工土径流小区小雨产生的平均地表径流量为0.005～0.015mm，每次中雨产生的地表径流量为小雨产流量的2～10倍，每次大雨产生的地表径流量为小雨产流量的7～56倍。人工土径流小区每次小雨产生的地下径流量为0.001～0.026mm，每次中雨产生的地表径流量为小雨产流量的3～115倍，每次大雨产生的地表径流量为小雨产流量的69～1338倍。降水量等级对地下径流的影响大于对地表径流的影响。随着垃圾土的体积分数降低，降水量等级对径流量的影响增强。

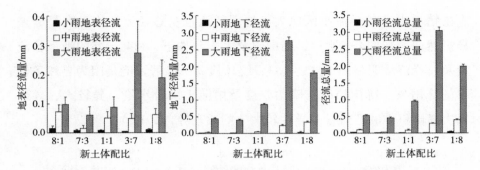

图4-6 不同降水等级下人工土径流小区每次降雨径流量

3. 配比及降水量等级对产流模式的影响

如图4-7所示，在小雨条件下，M1～M4大部分径流为地表径流，地表径流量占总径流量的71%～87%，但是M5大部分径流为地下径流，地下径流量占总径流量的70%。在中雨条件下，M1～M3大部分径流为地表径流，地表径流量占总径流量的58%～78%，但是M4、M5大部分径流为地下径流，地下径流量占总径流量的83%～84%。在大雨条件下，M1～M5大部分径流为地下径流，地下径流量占总径流量的82%～91%。

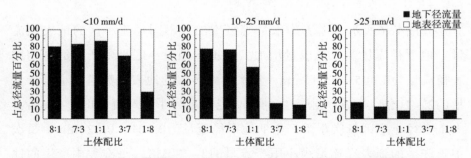

图4-7 不同降水量等级下人工土地表、地下径流量占总径流量百分比

人工土径流小区的产流模式与垃圾土的体积分数有关。小雨、中雨及大雨条件下，随着垃圾土的体积分数降低，地表径流量占总径流量的比例下降，地下径流量所占的比例增加。

流域产流方式有蓄满产流和超渗产流两种：蓄满产流是包气带土壤含水量达到田间持水量后产生径流的方式；超渗产流是包气带土壤含水量达到田间持水量以前降雨强度大于渗透速率导致径流产生的方式（崔泰昌、陆建华，2002）。

在不同降雨条件下，M5的产流方式均以地下径流为主，说明渗透速率和导水率较高，降雨以地下径流的形式迅速流失，坡体维持不饱和的状态，由于近地面土壤饱和而导致地表径流较少。在低强度降雨条件下，M1～M4以地表产流为主，地下产流较少，可能与人工土的斥水性有关。土壤斥水性是指土壤不能或者很难被水分湿润的现象。随着垃圾土体积分数提高，人工土中有机质增加，可能导致斥水性增加。随着降雨强度提高，斥水层被破坏。人工土含水量增加，斥水性下降，渗透性提高，降水主要以地下径流的形式流失（Chau et al., 2014）。

第四节　人工土含水量及时空特征

2013年8月至2015年8月，每月三次使用Diviner 2000水分速测仪测量人工土10～50cm体积含水量，监测土壤含水量月变化。2014年5～8月，降雨日除外每日测量10～50cm深度土壤含水量，监测雨季土壤含水量变化。2014年5～7月，每月5个晴天6:00—18:00每间隔2h测量土壤含水量，监测土壤含水量日变化。

1. 土壤含水量垂直分布

M1～M5的年平均含水量分别为8.71%、4.83%、5.17%、3.15%、2.64%。不同配比的人工土年平均含水量具有显著差异（$P<0.01$），总体来看，随着垃圾土体积分数降低，年平均含水量下降。与垃圾土相比，人工土的含水量较低，自然降水条件下的平均含水量是存量垃

圾的15.4%~50.9%。

如图4-8所示，不同深度人工土的年平均含水量具有显著差异。对M1、M3、M5来说，随着土层深度增加，含水量有先升高后降低的趋势，土深10cm处含水量最低，土深30cm或40cm处含水量最高。M2、M4的含水量随土壤深度增加呈先下降后上升的趋势，土深30cm处含水量最低，土深10cm或50cm处含水量最高。

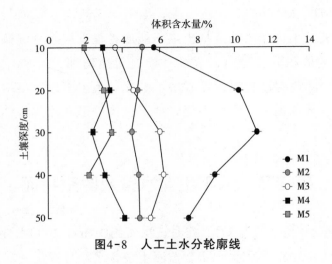

图4-8　人工土水分轮廓线

2. 土壤含水量月变化

北京的降水主要分布在6~9月，占年降水量的82%。6~9月降水量分别为试验期间年降水量的15%、30%、18%、19%，7月降水量最大。然而，M1~M4在10月平均含水量最高，M5在9月平均含水量最高（图4-9）。

不同深度土层的月平均含水量动态变化，但M1土深（10~30cm）、M2土深（10~40cm）、M3土深（10~50cm）、M4土深（10~50cm）及M5土深（10~40cm）月平均含水量峰值均滞后于降水量峰值，在

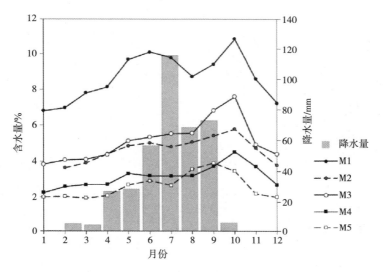

图4-9　人工土月平均含水量

8～10月达最大值，仅M1土深（40～50cm）、M2土深（50cm）月平均含水量峰值与降水量峰值同步。

各径流小区月平均含水量峰值出现的时间均滞后于月降水量峰值出现的时间，且M1在8月份含水量下降，可能是植物蒸腾耗水所致。植物的蒸散速率受到温度、相对湿度、风速等气象因子以及物候的影响。步秀芹（2007）发现，土壤含水量相对较低的月份，柠条的蒸腾作用很强，但是在土壤含水量较高的月份，蒸腾速率较低。由于夏季温度高，太阳辐射量大（图4-10），植物的蒸散速率高，生长旺盛，叶面积指数大，对土壤水分造成较大的消耗，可能导致土壤水分下降（赵斌，2013；张艺，2013）。

此外，根系生物量随土层深度的增加指数下降，对深层土壤水的利用率较低，可能导致M1、M2的深层土壤含水量与降水量同步变化。由于M3～M5的含水量较低，植物可能提高深层土壤水的利用率，导致深层土壤月平均含水量峰值均滞后于降水量峰值。

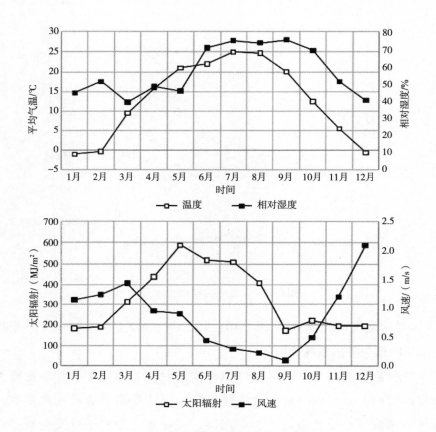

图4-10　试验期间气象因子月变化

3. 雨季土壤含水量

M1～M5的雨季平均含水量分别为10.06%、4.93%、5.50%、3.21%、2.89%，与年平均含水量分布规律一致。如图4-11所示，雨季期间M1各层含水量均高于M2～M5，尤其是土层深度为20～40cm时。M2在10cm深处含水量仅次于M1，但20～50cm深处含水量低于M3。在10cm、40cm深处M4含水量高于M5，但在20cm、30cm深处M5含水量高于M4。

总体来看，随着土层深度增加，人工土雨季含水量变化幅度下降。

M1人工土10～50cm雨季含水量随时间变异系数为41.6%～10.3%，M2为49.5%～11.7%，M3为52.7%～13.6%，M4为41.1%～14.4%，M5处于10～40cm时为28.6%～17.6%。与M1～M4相比，M5雨季含水量随时间波动幅度较小。

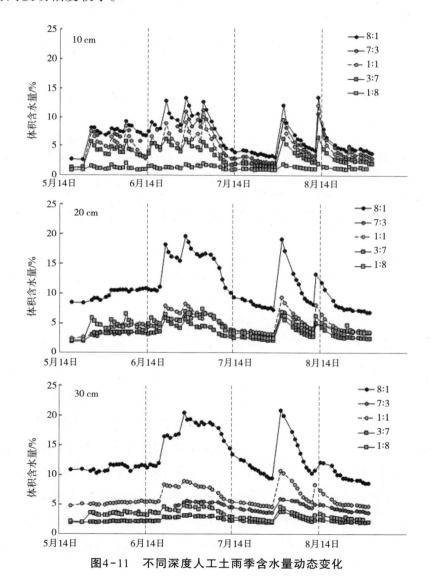

图4-11　不同深度人工土雨季含水量动态变化

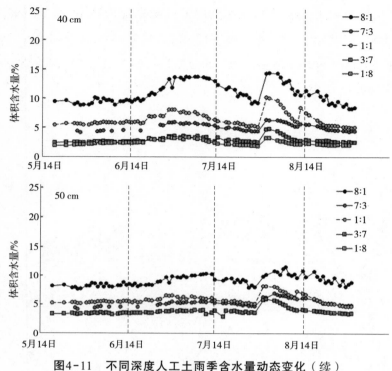

图4-11 不同深度人工土雨季含水量动态变化（续）

4. 雨季土壤含水量的影响因子

由于自然降水是小区土壤水分的唯一来源，降雨导致人工土含水量增加。降雨过后，含水量逐渐下降。以雨前含水量、降雨量为自变量，雨后含水量为因变量，进行逐步回归分析，回归方程见表4-2。

总体来看，随着垃圾土的体积分数降低，雨前含水量、降雨量对雨后含水量的影响减小。雨前含水量每增加1个单位，M1～M5雨后含水量分别增加0.867个、0.829个、0.728个、0.754个、0.774个单位。这可能是因为随着垃圾土体积分数下降，人工土的持水能力减弱，前期的土壤水分能够保留的时间较短，对后期土壤水分产生的影响较小。另一方面，每增加1mm降雨导致M1～M5小区50cm内平均含水量分别增加0.141个、0.068个、0.098个、0.053个、0.049个单位，即每1mm降雨中分别有0.705mm、0.340mm、0.490mm、0.265mm、0.245mm的降雨进入人工土。尽管石砾的体积分数可能与大孔隙的数量及渗透速率成正比，但大孔隙不能通过毛管作用蓄存入渗的雨水，雨水在重力作用下以地下径流的形式迅速流失，因此在石砾体积分数较高的小区，降雨量对土壤含水量的影响较小。

表4-2　人工土径流小区雨季含水量回归分析

土样	回归方程	$_{adj}R^2$	显著性水平
M1	$y=0.991+0.867x_1+0.141x_2$	0.876	$P<0.01$
M2	$y=0.667+0.829x_1+0.068x_2$	0.843	$P<0.01$
M3	$y=1.263+0.728x_1+0.098x_2$	0.734	$P<0.01$
M4	$y=0.663+0.754x_1+0.053x_2$	0.799	$P<0.01$
M5	$y=0.539+0.774x_1+0.049x_2$	0.786	$P<0.01$

注：x_1、x_2、y分别为雨前含水量（%）、降雨量（mm）及雨后含水量（%）。

土壤水的变化量是指降雨量减去林冠截留、地表径流、部分重力水、土壤及植物消耗之后的水量。林冠截留的降雨直接蒸发，不进入土体，导致土壤得到的降雨补给减少。M2雨后含水量受降雨量影响较小，可能是因为林冠截留作用削弱了降雨量与土壤含水量之间的相关性。

5. 土壤含水量日变化

如表4-3所示，人工土10～50cm深度处平均含水量在一天不同时间段没有显著的差异，但不同配比的人工土含水量日变化幅度具有显著差异（$P<0.05$）。总体上看，随着垃圾土的体积分数下降，平均含水量的日变化幅度下降。

表4-3 不同配比人工土径流小区50cm内平均含水量日变化

土样	不同时间段体积含水量/%							日变幅/%	变异系数/%
	6:00	8:00	10:00	12:00	14:00	16:00	18:00		
M1	9.70 ± 0.39	9.74 ± 0.37	9.58 ± 0.35	9.62 ± 0.36	9.64 ± 0.38	9.64 ± 0.41	9.68 ± 0.39	0.53	2.0
M2	4.56 ± 0.17	4.56 ± 0.17	4.55 ± 0.17	4.56 ± 0.18	4.57 ± 0.17	4.56 ± 0.17	4.57 ± 0.17	0.18	1.4
M3	5.27 ± 0.22	5.23 ± 0.20	5.22 ± 0.21	5.19 ± 0.21	5.21 ± 0.20	5.17 ± 0.21	5.15 ± 0.20	0.20	1.4
M4	3.10 ± 0.09	3.10 ± 0.09	3.09 ± 0.09	3.09 ± 0.09	3.10 ± 0.09	3.07 ± 0.09	3.06 ± 0.09	0.12	1.4
M5	2.82 ± 0.14	2.82 ± 0.14	2.80 ± 0.14	2.80 ± 0.14	2.79 ± 0.14	2.80 ± 0.14	2.76 ± 0.14	0.13	1.7

第五节　人工土蒸散特性

1. 人工土盆栽日蒸发量及影响因子

将M1~M5人工土在105℃烘干12h后，测量干重，装入四方形花盆（上边长9.6cm，下边长7.5cm，高9cm），根据干重和花盆体积计算容重。花盆底部垫细纱布，浸入盛水槽，水槽内水面略高于花盆内土体，放置24h后称重，计算孔隙度。将花盆覆膜，防止表层蒸发导致水分损失，在沙质土壤上放置24h，待重力水从底部出水孔排尽后称重，计算田间持水量。揭开覆膜，遮阴，每日称重，两日记录的差值为日蒸发量，连续2d日蒸发量为0即停止试验。试验期间平均气温为32℃，相对湿度为68%，试验三次。

盆栽蒸发试验结果表明，M1~M5从田间持水量蒸发至恒重分别历时31d、30d、27d、25d、19d，日平均蒸发量分别为6.0g/d、5.9g/d、

5.0g/d、2.7g/d、3.2g/d，总蒸发量分别为185g、181g、134g、67g、61g。随着垃圾土的体积分数下降，蒸发历时缩短，日平均蒸发量下降，总蒸发量下降。

垃圾土的体积分数与初始含水量（田间持水量）、最后含水量显著正相关（$P<0.01$），Pearson相关系数分别为0.933和0.886。由于配比与含水量密切相关，但与相对含水量（含水量/田间持水量）没有显著的相关性，因此用相对含水量代替含水量，作为人工土盆栽蒸发进程的指标，拟合回归方程。以垃圾土的体积分数、相对含水量、温度、相对湿度为自变量，日蒸发量为因变量，进行逐步回归分析，得到标准化回归方程为

$$y=0.525x_1+0.522x_2+0.298x_3 \quad (_{adj}R^2=0.739，P<0.01)$$

其中，x_1、x_2、x_3、y分别为经过标准化的温度、相对含水量、垃圾土的体积分数、日蒸发量。

方程表明，温度越高、相对含水量越高、垃圾土的体积分数越大，则日蒸发量越大。由于土壤蒸发取决于蒸发能力和供水条件两个因素，在相同的气象条件下，日蒸发量随垃圾土体积分数增大，说明该配比下人工土的含水量较高，人工土孔隙有利于水分运动，供水条件较好。

2. 人工土径流小区日蒸散量及影响因子

2014年5~8月，降雨日除外，每日19:00测量人工土径流小区各层体积含水量。当上层水分减少不伴随下层含水量增加时，认为土体水分下渗较弱且可以忽略，水分消耗来自土壤蒸发及植物蒸腾，两日含水量的差值按照土层深度换算成日蒸散总量（50cm）及各土层（10cm）的日蒸散量，每层日蒸散量与日蒸散总量的比值为该土层的日蒸散比例。

结果表明，M1~M5径流小区50cm内日蒸散总量分别为2.81mm/d、

1.19mm/d、1.64mm/d、0.91mm/d、1.09mm/d。不同配比的径流小区日蒸散总量具有显著差异（$P<0.01$）。总体来看，随着垃圾土的体积分数下降，径流小区的日蒸散总量下降。

以垃圾土的体积分数作为控制变量作偏相关分析，土壤含水量与日蒸散总量显著正相关（$P<0.01$），偏相关系数为0.702，说明不同配比人工土径流小区日蒸散总量的差异性主要是由土壤含水量的差异性造成的。以土壤含水量为控制变量，垃圾土的体积分数与日蒸散总量显著负相关（$P<0.01$），但相关性较弱，偏相关系数为-0.260，垃圾土与石砾配比与日蒸散总量相关性不显著。

人工土坡体蒸散特性与盆栽蒸发试验结果不符：在盆栽试验中，人工土的日蒸发量与垃圾土的体积分数正相关，但在径流小区试验中，人工土的日蒸散量与垃圾土的体积分数负相关。这一方面可能是因为盆栽试验不涉及植物对土壤水分的作用，另一方面可能是因为盆栽试验只能模拟表层土壤蒸发而不能体现深层土壤对水分的保蓄作用。结果还表明，人工土坡体的日蒸散特性与垃圾土的绝对含量（体积分数）有关，而与相对含量（垃圾土与石砾配比）无关。

3. 不同土层深度人工土日蒸散量及影响因子

如图4-12所示，不同深度土层的日蒸散量具有显著差异。随着土层深度增加，M1的日蒸散量呈双峰型变化，峰值分别位于土层深度10cm和40cm处；M2、M3、M4的日蒸散量随土壤深度增加而下降，土层深度10cm时蒸散量最高，土深50cm时蒸散量最低；M5的日蒸散量呈单峰型变化，峰值位于土深30cm处。

将垃圾土与石砾配比作为控制变量进行偏相关分析，结果表明，不同深度土层日蒸散量与同层土壤含水量显著正相关（$P<0.05$）。如表4-4所示，各层日蒸散量与同层土壤含水量的偏相关系数分别为0.817、0.645、0.634、0.501、0.440。

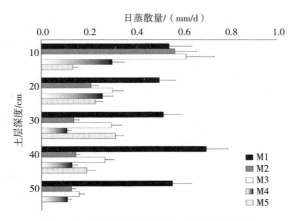

图4-12　不同配比人工土各层日蒸散量

注：由于M5土层深度（50cm）数据缺失，取其日平均蒸散量
为土层深度10～40cm的蒸散量×1.25。

表4-4　人工土径流小区不同土层的蒸散量与含水量的偏相关分析

各土层含水量　深度	各土层日蒸散量				
	10cm	20cm	30cm	40cm	50cm
10cm	0.817**	0.395**	ns	ns	ns
20cm	0.428**	0.645**	0.434**	0.257*	ns
30cm	0.262**	0.585**	0.634**	0.413**	ns
40cm	ns	0.493**	0.676**	0.501**	0.276**
50cm	ns	0.461**	0.655**	0.588**	0.440**

注：以配比作为控制变量，*表示日蒸散量与同层含水量相关系数在0.05水平上
显著，**表示相关系数在0.01水平上显著，ns表示相关系数在0.05水平上不
显著。

随着土壤含水量增加，同层土壤的日蒸散量增加；但随着土层深度增加，日蒸散量与同层含水量的相关性下降。人工土的日蒸散量与相邻深度为10～20cm的土壤含水量显著正相关，但相关系数较低，与相隔较远的土层含水量相关性不显著或相关系数降低。

表层土壤的水分消耗主要源于土壤蒸发，而下层土壤的水分消耗

主要源于植物蒸腾。由于植物根系具有趋水性，含水量高的土层可能分布有大量的植物根系，导致该层耗水量增加。但是植物蒸腾并不是完全由环境因素决定的被动过程。降雨事件的随机性导致土壤含水量发生波动，植物通过形态和生理上的调节，能够维持稳定的水分消耗水平。例如，熊伟（2003）的研究表明，华北落叶松和山桃的蒸腾速率、气孔导度与土壤含水量没有显著的相关性，但土壤含水量下降会引起植物叶水势的同向变化，调节植物的生理过程。由于植物对环境因子的响应，与表层土壤相比，下层土壤日蒸散量与土壤含水量的相关性较弱。此外，植物的根系生物量随土壤深度的增加呈指数递减，因此即使深层土壤的含水量增加，由于水分运输距离长，运输成本较高，植物对深层土壤水的利用率有限。随着土壤深度的增加，日蒸散量与含水量的相关性下降。

以配比为控制变量，不同土层日蒸散量占日蒸散总量的比例（日蒸散比例）与土壤含水量的偏相关系数见表4-5。10～30cm深度土层各层日蒸散比例与同层土壤含水量显著正相关（$P<0.01$），偏相关系数分别为0.632、0.320、0.402。随着土壤含水量增加，同层的日蒸散比例增加。但是随着土层深度增加，各层日蒸散比例与同层土壤含水量相关性下降，土深40～50cm处日蒸散比例与同层土壤含水量没有显著相关性。

另一方面，10cm深度土壤含水量与30cm、40cm、50cm土深的日蒸散比例显著负相关，20cm深度土壤含水量与40cm、50cm土深的日蒸散比例显著负相关，土层深度为40cm及50cm深度的土壤含水量与10cm土深的日蒸散比例显著负相关（$P<0.01$）。结果表明，在上层土壤干旱的情况下，植物根系可能增加下层土壤水的消耗比例；反之，在下层土壤干旱的情况下，植物根系可能增加上层土壤水的消耗比例。

表4-5　不同土层日蒸散比例与含水量的偏相关分析

深度 \ 各土层含水量	各土层日蒸散比例				
	10cm	20cm	30cm	40cm	50cm
10cm	0.632**	ns	-0.272**	-0.583**	-0.476**
20cm	ns	0.320**	ns	-0.226*	-0.289**
30cm	ns	0.206*	0.402**	ns	ns
40cm	-0.275**	ns	0.527**	ns	ns
50cm	-0.392**	ns	0.524**	0.203*	ns

注：以配比作为控制变量，*表示日蒸散比例与同层土壤含水量相关系数在0.05水平上显著，**表示相关系数在0.01水平上显著，ns表示相关系数在0.05水平上不显著。

第六节　人工土与植被

2014年7月在3个晴天12:00—13:00采集径流小区内所有扶芳藤、花蓼个体的叶片（约2g/株），混合作为1个样本。样本称量鲜重，85℃烘干24h后测量干重，计算叶含水量＝（鲜重-干重）/干重。2015年4月收集径流小区内所有枯落物（包括凋落物和立枯物），烘干后称重，根据小区面积计算枯落物量。

由于2015年6月小区植被遭到破坏，7月补种。补种材料为质量比例6：2：1：1的刺槐、高羊茅、紫花地丁、二月兰种子。前期的研究表明（Feng et al., 2015），按照该比例混播木本、草本植物种子能够快速覆盖地表，植被覆盖时间长且覆盖度稳定。2015年7月19日，将每个径流小区按面积等分为8个固定样方，清除径流小区原有的植被后，实施人工播种，播种密度为15g/m²。8月开始，每月2次用相机对每个样方拍照，利用Photoshop软件的选区工具和直方图计算植被覆盖区域占播种区域的比例，即植被总盖度，操作及计算方法同谢亮（2010）。2016年5月，每个固定样方刈割2棵长势最好的刺槐，测量株高，烘干测量地上部生物量。

1. 植物成活及水分状况

2014年，在M1、M4小区，花蓼、紫丁香、沙地柏、马蔺、扶芳藤五种植物均有成活，M2、M3小区有花蓼、马蔺、扶芳藤三种植物成活，M5有扶芳藤、花蓼两种植物成活，说明扶芳藤、花蓼比较适合在人工土中生长。

雨季期间，M1 ~ M5扶芳藤的叶含水量为1.37 ~ 1.60g/g，花蓼的叶含水量为1.80 ~ 2.07g/g。不同人工土径流小区植物叶含水量没有显著差异，说明配比对扶芳藤、花蓼的水分状况没有显著影响，但可能对紫丁香、沙地柏、马蔺的水分状况产生影响，较低的土壤含水量可能降低三种植物的成活率。

2. 植被覆盖度

2015年8 ~ 11月，M1 ~ M5植被覆盖度分别为28.9% ~ 86.0%、20.2% ~ 96.0%、37.2% ~ 93.4%、24.8% ~ 82.3%、6.2% ~ 43.0%，不同小区植被覆盖度具有显著差异（$P < 0.01$）。

如图4-13所示，从8月11日到9月16日，各小区的植被覆盖度均随时间增加，M2的覆盖度最高，M1、M3、M4的覆盖度接近，M5的覆盖度最低。9月16日以后，各小区的覆盖度均大幅下降，M3的覆盖度最高，M1、M2、M4没有显著差异，M5的覆盖度仍然最低。

尽管人工土在铺设径流小区前已经搅拌混匀，但是当垃圾土体积分数较低的时候，细小颗粒随着重力水通过石砾间的大孔隙向下迁移，风力和水力的侵蚀作用进一步降低上层的垃圾土含量（Lal & Shukla, 2004），导致上层几乎不含有垃圾土，植物受到水分和养分胁迫，存活率和生长量极低。因此，应避免过低的垃圾土与石砾配比，或采取其他措施改善人工土的理化性质。

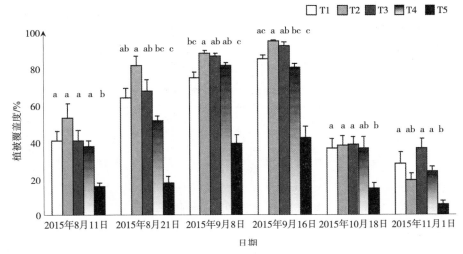

图4-13　人工土植被覆盖度

注：相同字母表示不同配比的径流小区植被覆盖度差异在0.05
　　水平上不显著。

总体来看，M1～M4植被形成的速度、平均覆盖度、地表覆盖的时间均没有显著差异，M5植被形成的速度、平均覆盖度、地表覆盖的时间均低于M1～M4，说明垃圾土与石砾配比为1∶8的人工土不利于植物生长，与M5较低的土壤含水量、植物含水量、植物成活率一致。

3.刺槐生长量

如表4-6所示，M1～M5刺槐株高及单株地上生物量具有显著差异（$P<0.01$）。M3刺槐株高及地上生物量均显著高于其他小区；M1、M2、M4之间差异不显著；M5刺槐的株高及地上生物量均最低，分别为M3的32.1%和8.4%。

试验结果表明，存量垃圾土和粗颗粒采石废弃物可以用于采石场迹地生态修复，作为支持植物生长的人工土的组成部分。垃圾土与石砾配比对人工土的持水能力具有显著影响，间接影响降水的利用效

表4-6　刺槐生长量

测量指标	M1	M2	M3	M4	M5
株高/cm	22 ± 6^b	25 ± 8^b	35 ± 6^a	26 ± 7^b	11 ± 4^c
单株地上生物量/g	0.759 ± 0.159^b	0.958 ± 0.317^b	2.035 ± 0.480^a	0.917 ± 0.095^b	0.171 ± 0.031^b

注：相同字母表示不同配比的径流小区差异在0.05水平上不显著。

率、土壤水分状况和植物的生长状况。总体来看，随着垃圾土体积分数的增加，人工土的坡面径流量下降，持水能力及自然含水量显著提高，植物生长较好。木本植物刺槐在M3条件下生长最好，可能是由于M1、M2条件下存在激烈的种间竞争。由于M1、M2的垃圾土含量高，较高的养分含量可能更有利于杂草或其他草本植物的生长（Le Stradic et al., 2014），从而抑制目标植物种的生长。相反，由于石砾不提供养分，垃圾土体积分数过低可能导致植物养分匮乏。

4. 枯落物量

枯落物包括凋落物和立枯物。立枯物是枯死但未落的植物体或其一部分，一般指枯叶和枯枝。凋落物是掉落到地表的植物体或其一部分，以枯死体为主，也有少量的绿色叶片或小枝（马克平，1993）。枯落物能够保护土壤，防治溅蚀，截持降水，吸收和延缓地表径流，减小地表径流的平均流速，改善土壤性质，增加入渗，抑制土壤蒸发（Rathore et al., 2015）。枯落物的生态功能不但与其数量有关，也与其持水能力和分解程度有关，分解程度越高，持水能力越强。

M1~M5枯落物含量分别为$0.283kg/m^2$、$0.257kg/m^2$、$0.197kg/m^2$、$0.217kg/m^2$、$0.086kg/m^2$，随着垃圾土的体积分数降低，枯落物含量下降。

第五章　压实人工土的构建及特征

存量垃圾土可以混合采石作业遗留的粗颗粒渣石，配合制作人工土。研究表明，存量垃圾-石砾人工土能够支持植物正常生长；与松散的垃圾土相比，存量垃圾-石砾人工土在无附加荷载条件下的抗剪强度显著提高，地表径流量下降。然而，当垃圾土体积分数较低时，垃圾土未能填满石砾间的空隙，人工土的非毛管孔隙度和渗透速率过高，毛管孔隙度和持水能力均较低。随着垃圾土体积分数下降，大量降水以地下径流的形式流失，造成水资源浪费。植物由于受到水分胁迫，成活率、生长量、覆盖度和枯落物量均降低。前期试验表明，存量垃圾土与石砾配比为1∶8的人工土中植物生长不良。

机械压实是工矿废弃地生态修复中稳定坡体、降低土体压缩性、提高承载能力的常用工程措施（Jeldes et al., 2013；Kim & Lee,

2005）。针对垃圾土体积分数低、持水能力弱、含水量低的人工土，拟通过机械压实减少通气孔隙，增加毛管孔隙，提高持水能力，从而改善水分条件，促进植物生长。

笔者对垃圾土与石砾配比为1∶4的人工土实施了不同程度的机械压实，研究压实人工土的水分动态及植物生长情况，以寻找最适宜植物生长的压实度。

试验将垃圾土与石砾以1∶4体积比均匀混合，配制成存量垃圾-石砾人工土。其中，石砾购自当地石料市场，粒径为2~3cm，土粒密度为2.91g/cm³。人工土松散体的容重为1.36g/cm³，孔隙度为42%。

2012年4月，按0.5m的间隔开挖5个平行排列、长5m、宽3m、深1.2m的试验槽（图5-1），将试验材料倒入，标记为T1~T5。T1为对照，T2~T5使用振动压路机（车型为XS142J，工作质量为14 000kg，振动频率为28Hz）碾压，压实方法见表5-1。根据松散体的容重、孔隙度、虚方体积、自然沉降（T1）或压实（T2~T5）后的体积计算不同压实处理下人工土的理论容重和理论孔隙度，计算公式为

$$P_c = 1 - \frac{(1-P_0)V_0}{V_c} \qquad (5-1)$$

$$B_c = \frac{B_0 V_0}{V_c} \qquad (5-2)$$

其中，P_0、V_0、B_0分别为人工土松散体的孔隙度、体积和容重，P_c、V_c、B_c分别为沉降（T1）或压实（T2~T5）后人工土的孔隙度、体积和容重。

试验槽外土壤为砂质黏土，总孔隙度为38.5%，田间持水量为35.0%，容重为1.43g/cm³。

2012年5月，播种刺槐6行9列，共54株；隔行穴栽侧柏1年生幼苗6

图5-1 压实人工土试验槽

表5-1 试验区压实情况

压实区	虚方体积/m³	压实后体积/m³	孔隙度/%	容重/（g/cm³）	压实方法
T1	19.6	16.5*	31.1	1.62	无
T2	20.7	16.4	26.8	1.72	分2次夯实
T3	21.9	16.3	22.1	1.83	分3次夯实
T4	23.0	16.9	21.1	1.85	分5次夯实
T5	25.1	16.8	13.3	2.03	分18次夯实

注：T1为未经过压实的人工土对照组，*表示该值为松散体自然沉降后的体积。

图5-2 压实人工土植苗初期

行10列，共60株；播种紫花苜蓿30株（图5-2）。各压实区沿对角线等距离布设3根长1m的PVC管，使用Diviner 2000水分速测仪测量土壤含水量。

在研究过程中发现，植物在压实人工土中分布极不均匀。不同压实程度下，植物的空间分布格局和生长情况存在差异，因此还需对压实区植物的空间分布及其影响做调查。

第一节　压实人工土水分特征

2013年8月～2015年8月，每月三次测量土层深度10～100cm的人工土体积含水量，监测土壤含水量月变化。2014年5～8月，降雨日除外，每日测量深度10～100cm的土壤含水量，监测雨季土壤含水量变化。2014年5～7月，每月5个晴天，6:00—18:00每间隔2h测量土壤含水量，监测土壤含水量日变化。

1. 压实人工土含水量垂直变化

T1～T5的年平均土壤含水量分别为4.96%、6.41%、7.81%、7.74%和15.36%。压实对人工土的年平均含水量具有显著影响（$P < 0.05$），压实度能够解释年平均含水量50.7%的方差变异。随着压实度增加，年平均含水量显著升高。

根据松散体容重及孔隙度、虚方体积、压实后体积计算，T1～T5的理论孔隙度分别为31.1%、26.8%、22.1%、21.1%、13.3%。T1～T4的理论孔隙度比年平均含水量高13.3%～26.1%，但是T5的理论孔隙度比年平均含水量低2.1%，说明T5严重通气不良，不利于人工土中微生物的活动、养分的矿化、植物根系的呼吸及对水分、养分的吸收。

如图5-3所示，不同土层深度年平均含水量具有差异性。T1（土层深度10～100cm）各层年平均含水量为3.45%～8.46%，T2为

4.37%～8.93%，T3为4.76%～11.91%，T4为5.40%～10.43%，T5为10.26%～20.08%。不同压实区（20～50cm、70～80cm、100cm）不同土深的土体年平均含水量具有显著差异（$P<0.05$），但10cm、60cm、90cm处年平均含水量差异不显著。在20～40cm、70～80cm、100cm深处，T5的年平均含水量显著高于T1～T4，但T1～T4差异不显著。在50cm深处，T5的年平均含水量显著高于T1、T2，但与T3、T4之间差异不显著。

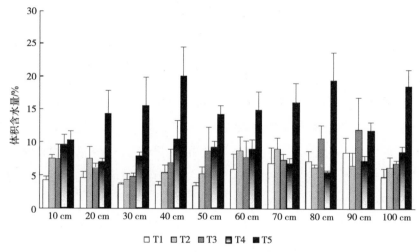

图5-3　压实人工土年平均含水量

2. 压实人工土含水量月变化

压实度对人工土的月平均含水量具有显著影响（$P<0.05$），能够解释月平均土壤含水量48.5%的方差变异。T1月平均含水量为4.08%～6.10%，T2为5.01%～8.12%，T3为6.53%～9.40%，T4为6.39%～8.92%，T5为13.37%～17.83%。随着压实度增加，月平均含水量显著增加。

如图5-4所示，T1～T4压实人工土7月平均含水量最高，与降水量最高的月份一致，但是T5压实区8月平均含水量最高。各压实区2月平均含水量最低，与降水量最低的月份均不一致。

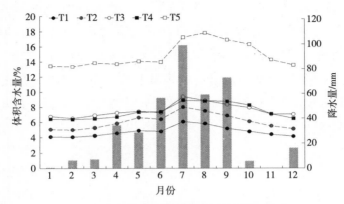

图5-4　压实人工土含水量及降水量月变化

　　T1～T4压实人工土的月平均含水量峰值与降水量峰值同期，并没有出现M1～M5径流小区的滞后现象。这可能是因为径流小区底部经过防渗处理，将植物的水分利用局限在70cm厚度的土层里，并切断了与地下水的联系，土壤水分被大量消耗，导致植物生长旺盛的月份土壤含水量低于植物长势较弱的月份。

　　T5压实人工土的月平均含水量峰值滞后于降水量峰值，可能与林冠截留、土体持水能力和植物耗水量有关。由水量平衡，土壤水的蓄存量提高，说明水分的收入大于支出，即降水量及可能存在的地下水补给大于蒸散量及重力水的渗漏损失量。根据张艺（2013）的研究，北京地区林冠截留量为0～6.38mm，与林分郁闭度具有显著的正相关关系。2013～2014年，T5林分郁闭度仅为T1的1/3。对于T1～T4来说，许多低强度的降水属于无效降水，但是这部分降水能够穿透T5稀疏的林冠层，补给土壤水分。此外，由于T5人工土的通气孔隙少，持水能力强，7月的降水能够蓄存到8月，8月的降水使含水量进一步升高。T1～T4的持水能力比T5弱，7月的降水虽然使含水量暂时升高，但不能蓄存的土壤水在重力作用下流失，可能导致8月平均含水量下降。

3. 人工土含水量的影响因子

如表5-2所示，T1～T5压实人工土10～30cm各层月平均含水量与月均降水量具有显著的线性相关关系（$P<0.05$），Pearson相关系数为0.460～0.723。随着土层深度增加，Pearson相关系数下降或相关性不显著。

表5-2　不同深度压实人工土月平均含水量与月降水量Pearson相关系数

压实区	土层深度/cm									
	10	20	30	40	50	60	70	80	90	100
T1	0.723*	0.564*	0.561*	0.537*	0.561*	ns	0.485*	ns	ns	ns
T2	0.693**	0.544*	0.540*	0.500*	ns	ns	ns	ns	ns	ns
T3	0.683**	0.578*	0.494*	0.519*	0.577**	ns	ns	ns	ns	ns
T4	0.712**	0.578*	0.533*	0.468*	ns	ns	ns	ns	ns	ns
T5	0.714**	0.555*	0.460*	ns	ns	ns	ns	ns	ns	ns

注：**和*分别表示该土层月平均含水量与月降水量相关系数在0.01和0.05水平上显著，ns表示相关系数在0.05水平上不显著，下同。

如表5-3所示，除T1压实人工土 60cm外，T1～T3压实人工土40～100cm各层月平均含水量与月降水量均具有显著的非线性相关关系（$P<0.05$），Spearman相关系数为0.486～0.731。T4压实人工土下层月平均含水量与月降水量相关性较弱，T5压实人工土40cm以下月平均含水量与月降水量相关性不显著。

表5-3　不同深度压实人工土月平均含水量与月降水量Spearman相关系数

压实区	土层深度/cm									
	10	20	30	40	50	60	70	80	90	100
T1	0.752**	0.692**	0.719**	0.657**	0.595**	ns	0.547*	0.573*	0.728**	0.568*
T2	0.749**	0.654**	0.678**	0.698**	0.585**	0.525*	0.527*	0.629*	0.490*	0.534*
T3	0.784**	0.692**	0.616**	0.731**	0.701**	0.499*	0.558*	0.684*	0.600**	0.486*
T4	0.771**	0.684**	0.656**	0.547*	0.508*	ns	ns	0.532*	ns	0.471*
T5	0.796**	0.675**	0.601**	0.547*	ns	ns	ns	ns	ns	ns

相关分析表明，月平均土壤含水量与月降水量并不是简单的线性相关关系，还受降水的分布及类型、土壤的持水能力及渗透能力、植物截留及水分消耗量等多种因素的影响。随着土层深度增加，土壤含水量受降水的影响减小。T4、T5压实人工土下层含水量受降水的影响不显著。

由于压实改变了土壤孔隙的大小和连通性，压实人工土的持水能力增强。上层土壤能够蓄存更多的降水，可能导致下层土壤得到的补给减少；下层土壤能够蓄存得到的降水补给，在重力作用下渗漏损失的水分较少，使土壤含水量稳定，受到降水量的影响减小。以上原因可能导致人工土下层月平均含水量与月降水量相关性随着压实度的增加而下降。

4. 雨季压实人工土含水量

如图5-5所示，T1~T5压实人工土10~30cm各层雨季含水量具有多个大小接近的峰值。压实人工土10cm深时雨季含水量具有8个峰值，T1~T5的平均峰值含水量分别为6.55%±0.15%、11.09%±0.23%、11.06%±0.24%、14.37%±0.20%、15.01%±0.41%。20cm雨季含水量具有6个峰值，T1~T5的平均峰值含水量分别为7.00%±0.23%、10.86%±0.17%、8.58%±0.22%、10.53%±0.23%、20.38%±0.63%。30cm深的土层雨季含水量具有5个峰值，T1~T5的平均峰值含水量分别为4.58%±0.30%、5.62%±0.23%、6.01%±0.34%、10.48%±0.27%、20.85%±0.83%。

大小接近的峰值含水量多次出现，说明该层土壤无法蓄存峰值以上的水分，峰值含水量可以用来表征该层土壤含水量上限。根据峰值含水量的大小，可知10cm深度的土层含水量上限T5>T4>T2>T3>T1，20cm深度的土层含水量上限T5>T2>T4>T3>T1，30cm深度的土层含水量上限T5>T4>T3>T2>T1。总体来看，随着压实度增加，表层土壤的含水量上限升高。

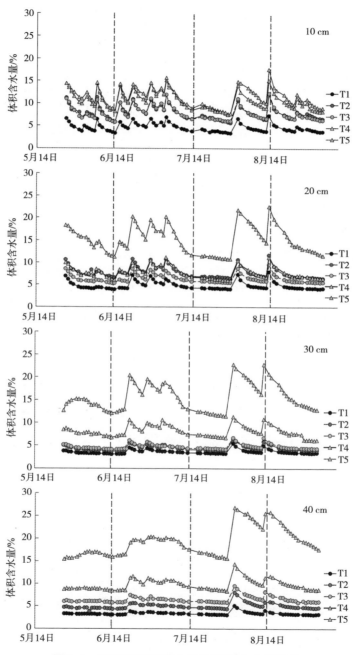

图5-5　不同深度压实人工土雨季含水量变化

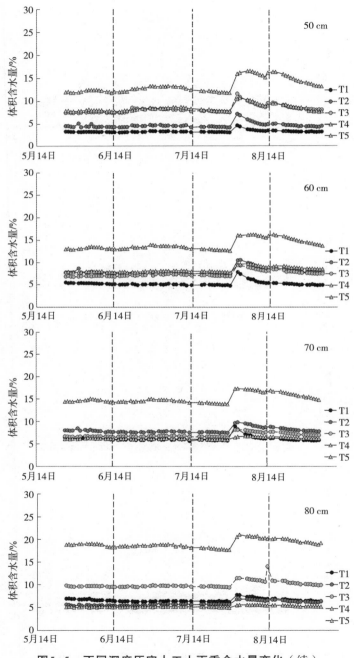

图5-5　不同深度压实人工土雨季含水量变化（续）

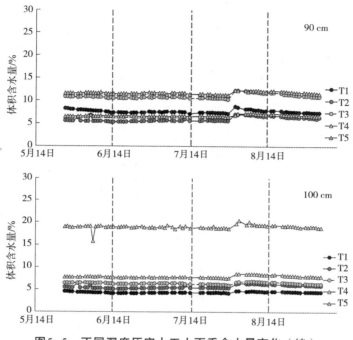

图5-5 不同深度压实人工土雨季含水量变化（续）

随着土壤深度增加，含水量峰值减小。对60～100cm深度的土层来说，仅有的1个峰值出现在观测期间唯一的大雨之后，该场降雨总量为33.6mm，历时2.7h，最大雨强为138.8mm/h，说明该等级以下的降水通常不能补给60cm深度以下的土壤水分。

5. 雨季压实人工土含水量的影响因子

以雨前含水量、降雨量为自变量，雨后含水量为因变量，进行逐步回归分析，回归方程见表5-4。雨季期间，人工土含水量主要由雨前含水量和降雨量决定，决定系数为0.657～0.861。

随着压实度增加，雨前含水量、降雨量对雨后含水量的影响增强。雨前含水量每提高1个单位，T1～T5雨后含水量平均提高0.612个、0.690个、0.699个、0.754个、0.879个单位。降雨量每提高1mm，T1～T5雨后含水量平均增加0.034个、0.045个、0.044个、0.053个、

0.097个单位，即每1mm降雨中平均有0.34mm、0.45mm、0.44mm、0.53mm、0.97mm的降雨量进入人工土。

由于人工土的渗透能力随压实度的增加而下降，水分下渗及水平运动造成的水分损失减少。另一方面，试验区内栽植的刺槐长势及郁闭度也随压实度的增加而下降，因此植物蒸腾耗水量减少。以上两点可能导致土壤水的消耗量随压实度的增加而减少，前期的土壤水能够保留的时间较长，对后期土壤水分产生较大影响。

表5-4 压实人工土雨季含水量回归分析

压实度	回归方程	$_{adj}R^2$	显著性水平
T1	$y=1.815+0.612x_1+0.034x_2$	0.657	$P<0.01$
T2	$y=1.830+0.690x_1+0.045x_2$	0.689	$P<0.01$
T3	$y=2.142+0.699x_1+0.044x_2$	0.671	$P<0.01$
T4	$y=1.790+0.754x_1+0.053x_2$	0.761	$P<0.01$
T5	$y=1.614+0.879x_1+0.097x_2$	0.861	$P<0.01$

注：x_1、x_2、y分别为雨前含水量（%）、降雨量（mm）及雨后含水量（%）。

由于试验地为平地，基本不产生地表径流。根据水量平衡原理，进入人工土的水量为降雨量与林冠截留量的差值。随着压实度增加，郁闭度降低，林冠截留量减少，更多的降雨进入土壤，土壤又蓄存得到降雨补给，导致降雨量对雨后含水量的影响增加。

6. 压实人工土含水量日变化

一天之中，压实人工土含水量呈单峰型变化，T1～T5含水量日变化峰值分别为4.89%、6.10%、7.32%、7.74%、14.78%，出现在12:00—14:00，峰值含水量显著高于当日含水量均值；含水量最小值出现在清晨6:00或傍晚18:00，最低含水量显著低于当日含水量均值（表5-5）。

表5-5　压实区不同时段土壤含水量

单位：%

压实区	时间						
	6:00	8:00	10:00	12:00	14:00	16:00	18:00
T1	4.80±0.08*	4.84±0.07	4.87±0.07	4.88±0.08	4.89±0.07*	4.88±0.07	4.82±0.07
T2	6.02±0.13*	6.05±0.13	6.09±0.13	6.10±0.13*	6.10±0.13*	6.08±0.13	6.02±0.13*
T3	7.21±0.31*	7.26±0.13	7.29±0.13	7.31±0.13*	7.32±0.13*	7.29±0.13	7.23±0.13*
T4	7.66±0.19	7.68±0.19	7.73±0.19	7.73±0.19*	7.74±0.19*	7.68±0.19	7.65±0.19
T5	14.66±0.46	14.72±0.46	14.75±0.45	14.78±0.45*	14.73±0.45	14.67±0.44	14.62±0.44*

注：*表示该时段含水量与日均值差异显著（$P<0.05$）。

土壤含水量的日变化趋势与陈媛媛（2013）对湖南省杉木人工林的调查结果一致，也与张静等（2007）对无结皮沙漠土5cm深度处土壤含水量的日变化趋势一致，但与张静等（2007）对无结皮沙漠土10cm土层、20cm土层及结皮覆盖的5～20cm土层处土壤含水量的日变化趋势相反。王文玉（2011）观测到草地表层5cm及10cm的土壤含水量也呈单峰型变化，但到达峰值的时间较晚，在16:00—20:00。

蒸散量与地表温度、大气温度、相对湿度、风速、土壤含水量相关。从早到晚，土壤温度逐渐上升，蒸发作用逐渐增强。植物蒸腾速率的日变化曲线呈单峰或双峰，与植物种类有关，并随着季节不同具有相应的变化（杨建伟等，2004）。

土壤水分不仅是一个逐渐消耗的过程，一些研究表明，植物对土壤水分具有再分配的作用。植物根系能够将深层的土壤水吸收、运输并贮存在浅层土壤中，从而增加浅层土壤的含水量，改变土壤含水量的垂直分布（Domec et al.，2012）。研究结果显示，各压实区的植物根系可能穿透压实土层，能够利用压实层以下的土壤水分。

第二节　压实人工土体蒸散特性

2014年6~8月，降雨日除外，每日19:00测量土壤含水量。在上层水分减少不伴随下层含水量增加的情况下，认为土体水分下渗较弱并可以忽略，水分消耗来自土壤蒸发以及植物蒸腾，两日含水量的差值按照土壤深度换算成日蒸散总量（100cm）及各土层（每层厚10cm）的日蒸散量，每层蒸散量与日蒸散总量的比值为该层日蒸散比例。

1. 日蒸散总量及影响因子

试验期间，T1~T5压实人工土1m深度内日蒸散总量分别为1.02mm/d、1.55mm/d、1.27mm/d、2.22mm/d、2.89mm/d。不同压实人工土的日蒸散总量具有显著差异（$P<0.01$），T1、T3的日蒸散总量显著低于T4、T5，T2的日蒸散总量显著低于T5，但T1~T3、T4~T5差异不显著。总体来看，随着压实度增加，日蒸散总量增加（图5-6）。

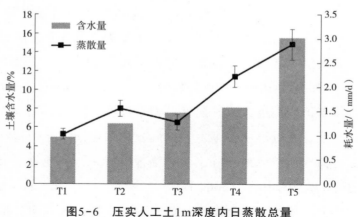

图5-6　压实人工土1m深度内日蒸散总量

Pearson相关分析表明，压实人工土1m深度内平均含水量、日蒸散总量均与压实度显著线性相关（$P<0.01$），相关系数分别为0.843和0.649。然而，以含水量为控制变量，压实度与日蒸散总量的相关性不显著，偏相关系数仅为0.062；以压实度为控制变量，含水量与日蒸散

总量仍显著相关（$P<0.01$），偏相关系数为0.477。结果表明，压实度通过影响土壤含水量间接影响蒸散量。此外，压实人工土1m内日蒸散总量与温度、相对湿度相关性不显著。

2. 不同深度土层日蒸散量及影响因子

不同压实人工土10cm、30~40cm、70cm土深的日蒸散量具有显著差异（$P<0.05$，见图5-7），20cm、50~60cm、80~100cm土层的日蒸散量差异不显著。在10cm深处，T4的日蒸散量显著高于T1~T3，但与T5差异不显著。在30~40cm深处，T5的日蒸散量显著高于T1~T3，但与T4差异不显著。在70cm深处，T2的日蒸散量显著高于T1、T3、T4，但与T5差异不显著。

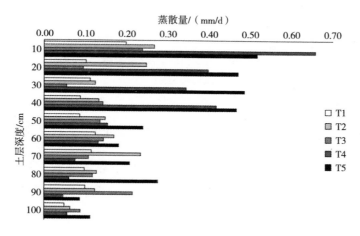

图5-7　不同压实区各层蒸散量

T4、T5浅层日蒸散量较高，可能是由于压实提高了人工土的毛管孔隙度，增加了孔隙的连通性，导致表层蒸发量增加；也可能是由于压实改变了植物根系的分布特征，导致植物对浅层土壤水的利用率增加。

不同土层日蒸散量占日蒸散总量的比例（蒸散比例）见图5-8。不同压实人工土30cm、70cm、90~100cm土层的日蒸散比例具有显著差异（$P<0.05$），10~20cm、40~60cm、80cm土层的日蒸散比例差异不显著。在30cm深处，T4、T5的蒸散比例显著高于T3，但与T1、T2差异不显著。在70cm深处，T1、T2蒸散比例显著高于T4，T2显著高于T5，但T1、T2与T3差异不显著。在90~100cm深处，T3蒸散比例显著高于T2、T4、T5，但与T1差异不显著。

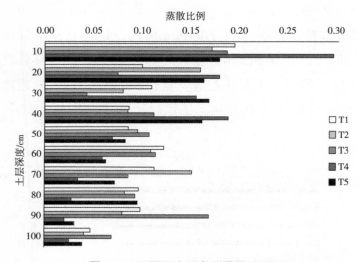

图5-8　不同压实区各层蒸散比例

日蒸散量及日蒸散比例受土层深度影响。总体来看，10cm土层的日蒸散量最大，随着土层深度增加，日蒸散量及日蒸散比例下降。在不同的压实区，日蒸散量及日蒸散比例受土层深度的影响程度不同。如表5-6所示，T1~T3的日蒸散量及日蒸散比例与土层深度的相关性不显著或相关系数较低，但T4、T5的日蒸散量及日蒸散量比例受土层深度的影响显著，并且相关系数较高。由于深层土壤水分消耗主要来自于植物蒸腾，结果表明，T4、T5植物的水分利用率随土层深度的增加而显著下降，暗示植物的根系生物量下降。随着压实度增加，植物根系生长可能受到抑制。

表5-6　压实区各层蒸散量、蒸散比例与土层深度的Pearson相关系数

测量项目	T1	T2	T3	T4	T5
日蒸散量	-0.449*	-0.441*	ns	-0.786**	-0.704**
日蒸散比例	-0.445*	-0.533**	ns	-0.786**	-0.761**

注：**和*分别表示测量项目与土层深度的相关系数在0.01和0.05水平上显著，ns表示相关系数在0.05水平上不显著。

以压实度为控制变量，作偏相关分析，结果表明，压实人工土的各层日蒸散量与同层土壤含水量均显著相关（$P<0.05$），偏相关系数为0.290～0.789（表5-7）。随着土壤含水量增加，同一层土壤的日蒸散量增加。

表5-7　不同土层压实人工土日蒸散量与含水量的偏相关系数

日蒸散量	土壤含水量									
	10cm	20cm	30cm	40cm	50cm	60cm	70cm	80cm	90cm	100cm
10cm	0.583**	ns	ns	ns	ns	ns	ns	ns	ns	ns
20cm	ns	0.630**	0.531**	0.423**	ns	ns	ns	ns	ns	0.258*
30cm	0.265*	0.672**	0.789**	0.611**	0.444**	ns	ns	0.400**	ns	0.343**
40cm	ns	ns	0.353**	0.561**	ns	ns	ns	ns	ns	ns
50cm	ns	ns	ns	ns	0.363**	0.364**	0.298*	ns	0.261*	ns
60cm	ns	ns	-0.256*	ns	ns	0.425**	0.389**	ns	0.277*	ns
70cm	ns	ns	ns	ns	ns	0.271*	0.537**	ns	0.285*	0.255*
80cm	ns	0.600**	0.637**	0.472**	0.380**	ns	ns	0.742**	ns	0.453**
90cm	-0.354**	ns	ns	ns	ns	ns	ns	ns	0.535**	ns
100cm	ns	ns	ns	0.252*	ns	ns	ns	ns	ns	0.290*

注：以压实度为控制变量，**和*分别表示相关系数在0.01和0.05水平上显著，ns表示相关系数在0.05水平上不显著，下同。

　　各层日蒸散量与相邻10～30cm深度土壤含水量显著正相关，与相隔较远的土层含水量相关性不显著或相关系数较低。这是由于土壤具有空间连续的特点，两个距离接近的观测点数据要比距离较远的点上的观测数据接近（王政权，1999）。各土层含水量与相邻土层含水量具有相关性，因此日蒸散量也与相邻土层含水量具有相关性。此外，90cm土层日蒸散量与10cm土层深度的土壤含水量显著负相关（$P<0.01$），说明在上层土壤干旱的情况下，植物根系可能增加下层土壤水的消耗量。

　　如表5-8所示，压实人工土10～40cm、60～90cm各层日蒸散比例与同层土壤含水量显著正相关（$P<0.05$），偏相关系数为0.293～0.615，说明土壤含水量越高，该层日蒸散比例越高。此外，

表5-8　不同土层压实人工土日蒸散比例与含水量的偏相关系数

日蒸散比例	土壤含水量									
	10cm	20cm	30cm	40cm	50cm	60cm	70cm	80cm	90cm	100cm
10cm	0.411**	ns	ns	ns	ns	ns	ns	-0.307*	ns	ns
20cm	ns	0.402**	0.273*	ns	ns	ns	ns	ns	ns	ns
30cm	ns	0.462**	0.615**	0.452**	0.337**	ns	ns	0.279*	ns	ns
40cm	ns	ns	ns	0.293*	ns	ns	ns	ns	ns	ns
50cm	ns	ns	ns	ns	ns	0.282*	0.248*	ns	ns	ns
60cm	ns	ns	-0.295*	ns	ns	0.396**	0.317*	ns	ns	ns
70cm	ns	ns	ns	ns	ns	ns	0.487**	ns	ns	ns
80cm	-0.341**	0.266*	0.273*	ns	ns	ns	ns	0.583**	ns	ns
90cm	-0.422**	ns	ns	ns	ns	ns	ns	ns	0.425**	ns
100cm	ns	ns	ns	ns	ns	ns	ns	ns	ns	ns

80cm、90cm土层日蒸散比例与10cm土层深度的土壤含水量显著负相关（$P < 0.01$），说明在上层土壤干旱的情况下植物根系可能增加下层土壤水的消耗比例。

第三节　压实区植物生长情况

1. 植物含水量

2014年4～8月、2015年5～7月每月测量叶含水量三次。12:00—13:00采样，刺槐取胸高处完全展开叶前3片小叶，侧柏取上部侧枝针叶约0.5g/株，所有植株叶片混合作为1个样本。苜蓿花后刈割，每个个体作为1个样本。样本称量鲜重，85℃烘干24h后测量干重，叶含水量＝（鲜重－干重）/干重。

结果表明，不同压实区的刺槐、苜蓿叶含水量差异显著（$P < 0.01$）。随着压实程度增加，刺槐、苜蓿叶含水量显著下降；T2～T5刺槐叶含水量分别为对照的97.2%、97.9%、88.4%、83.6%，苜蓿叶含水量分别为对照的92.4%、86.7%、82.6%、64.6%。压实度对侧柏叶含水量的影响不显著（表5-9）。

表5-9　压实区植物叶含水量

单位：g / g

植物种类	T1	T2	T3	T4	T5
刺槐	2.25 ± 0.09^A	2.19 ± 0.06^A	2.20 ± 0.13^{AB}	1.99 ± 0.06^B	1.88 ± 0.09^B
侧柏	2.04 ± 0.17	2.16 ± 0.14	2.10 ± 0.16	2.07 ± 0.15	2.12 ± 0.17
苜蓿	3.79 ± 0.15^A	3.50 ± 0.18^A	3.29 ± 0.19^A	3.13 ± 0.22^{AB}	2.45 ± 0.18^B

注：上标相同字母表示同行差异在0.05水平上不显著。

2. 成活率及保存率

2012年10月统计株数，计算植物成活率（2012年统计植株数/2012年播种或植苗数）。2014年10月统计株数，计算保存率（2014年统计植株数/2012年成活株数）。

调查结果表明，T1~T5刺槐成活率分别为95%、87%、92%、64%、34%，保存率为62%、64%、61%、44%、91%，说明压实对刺槐种子萌发、幼苗存活均有抑制作用。尽管T5刺槐成活率最低，但萌发的幼苗绝大部分能够保存。

T1~T5侧柏成活率分别为100%、97%、97%、95%、95%，保存率为85%、86%、86%、93%、93%，随着压实度增加，侧柏保存率上升。

3. 地上部生长量

2013年10月及2014年10月测量压实区内所有刺槐和侧柏株高、地径。2014年4~8月、2015年5~7月，每月三次，每次刈割3株苜蓿，85℃条件下烘干24h后称量单株生物量。2014年及2015年8月测量了林分郁闭度，方法同谢亮（2010）。

（1）乔木生长量

如图5-9所示，压实对刺槐株高、地径生长具有显著的抑制作用（$P<0.01$），随着压实度增加，刺槐的株高、地径均显著下降。2013年，T1刺槐的株高、地径均显著高于T4、T5，但与T2、T3差异不显著。T2~T5刺槐株高为T1的89.0%~40.7%，地径为T1的42.9%~98.0%。2014年，T1刺槐株高显著高于T4、T5，地径显著高于T3~T5，T2~T5刺槐株高为T1的43.3%~92.2%，地径为T1的49.3%~98.5%。

与刺槐相反，随着压实度增加，侧柏的株高、地径生长量增加，

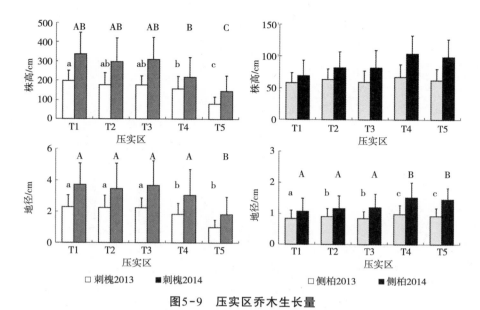

图5-9　压实区乔木生长量

注：相同小写、大写字母表示2013年、2014年不同压实区生长量
差异在0.05水平上不显著。

且随着侧柏个体长大，压实度对侧柏生长量的影响增强。2013年，不同压实区侧柏的株高、地径差异均不显著。2014年，不同压实区侧柏的株高、地径差异均显著（$P<0.01$）。从2014年起，T1侧柏株高显著低于T2～T5，地径显著低于T4、T5。T2～T5侧柏株高为T1的118.3%～151.0%，地径为T1的108.8%～161.5%。

（2）草本生物量

不同压实区紫花苜蓿的单株生物量具有显著差异（$P<0.01$），2014年T1、T2之间差异不显著，从T2开始，每增加一个压实度，苜蓿的单株生物量显著增加。2015年，T3显著高于T1、T2，但T1、T2之间差异不显著；T4、T5显著高于T1～T3，但T4、T5之间差异不显著。尽管2014～2015年T1～T5苜蓿单株生物量的年际差异不显著，但从

图5-10可以看出，T4、T5苜蓿的单株生物量呈上升趋势。

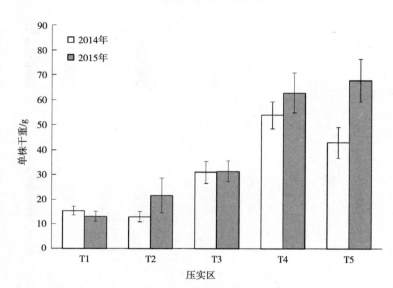

图5-10　不同压实区紫花苜蓿单株生物量

4. 根系生长量

2016年7月，在T1及T5压实区各挖出6株刺槐、侧柏、苜蓿分布在人工土中的根系（1m深），洗净泥土后，用游标卡尺和直尺测量粗根（根径≥1mm）根径、根长，使用根系扫描仪测量细根（根径＜1mm）根径、根长，烘干后测量根系干重。

调查结果表明，压实对植物根系生长量的影响与对地上部生长量的影响一致。如表5-10所示，压实对侧柏、苜蓿的根系长度、表面积、生物量增长具有促进作用：与T1相比，T5侧柏总根长增加8.5%，表面积增加13.6%，生物量增加7.1%；T5苜蓿总根长比T1增加45.0%，表面积增加8.0%，生物量增加16.2%。压实对刺槐的根系长度、表面积、生物量增长具有抑制作用，与T1相比，T5刺槐总根长降低30.5%，表面积降低44.1%，生物量降低28.7%。

表5-10　压实区植物根系生长量

物种	压实度	单株根长/m			单株表面积/cm²			单株根干重/g
		粗根	细根	总量	粗根	细根	总量	
侧柏	T1	3.4	74.7	78.1	478.6	1769.4	2248.0	70.7
	T5	6.5	78.2	84.7	675.5	1877.4	2552.9	75.7
刺槐	T1	7.5	64.5	71.9	1356.3	2375.1	3731.4	371.9
	T5	4.8	45.2	50.0	751.2	1336.0	2087.2	265.0
苜蓿	T1	1.4	0.6	2.0	140.5	30.7	171.2	10.5
	T5	1.8	1.1	2.9	162.9	22.0	184.9	12.2

压实对植物根系结构产生影响。与T1相比，T5侧柏粗根（≥1mm）根长和表面积分别增加91.2%和41.1%，细根（<1mm）根长和表面积分别增加4.7%和6.1%，说明压实主要对侧柏粗根造成影响。与T1相比，T5刺槐粗根根长和表面积分别降低36%和44.6%，细根根长和表面积分别降低29.9%和43.7%，说明不同径级的根系生长均受到严重抑制。

机械压实对人工土的持水能力有显著影响，与T1相比，T2～T5的年平均土壤含水量提高了29%～210%。尽管压实显著提高了人工土的含水量，但是刺槐、苜蓿的叶含水量显著下降，说明一些植物不能有效利用压实增加的土壤水，可能是由于压实提高了凋萎系数，降低了有效水量、根系生物量和水分利用效率。

研究表明，植物对压实的响应具有种间差异，与Lipiec等（2003）、Chen和Weil（2010）、Materechera等（1993）的研究结果一致，这可能与植物根系形态特征、水分生理特性、生态习性等因素有关（Bassett et al., 2005）。刺槐是环孔材树种，剧烈的蒸腾作用容易导致水分快速散失，产生水分失衡，从而发生严重的空穴和栓塞，引起木质部导水率下降，水分供给不足，水分胁迫导致刺槐成活率降低、生长不良。

值得注意的是，试验条件与采石场迹地的实际情况不完全一致。在根系生长量调查中发现，由于人工土与下层自然土壤没有隔断，T1刺槐根系穿透了厚1m的人工土质层，延伸到下层自然土壤中获取水分，导致压实的保水效用没有体现，对苗木生长表现出完全的抑制作用。然而在实际情况中，采石场迹地不存在额外的浅层水分补给源，刺槐仅能从人工土中获取水分。未经压实的人工土年平均含水量仅为4.96%，接近关文彬等（1989）在不同土壤质地条件下测得的刺槐幼苗永久凋萎含水量（3.99%~7.02%），难以满足刺槐的正常生长需要。因此，尽管在试验条件下T2、T3刺槐的成活率、保存率及幼苗生长量均与T1没有显著差异，但是在实际情况中T2、T3刺槐的表现应优于T1。

侧柏是针叶树种，利用管胞运输水分，不容易形成严重的空穴和栓塞，木质部导水率比较稳定，叶含水量受压实影响不显著。与刺槐相反，随着压实度增加，侧柏的株高及地径生长量增加，且随着侧柏个体长大，不同压实区侧柏生长量的差异性增加。由于侧柏生长缓慢，分布在刺槐下层，刺槐的郁闭度决定了侧柏的光照条件。压实显著降低了刺槐的成活率和生长量。2014年8月调查发现，随着压实度增加，刺槐郁闭度从95%下降至34%。侧柏作为阳性树种，由于光照条件的改善，保存率和生长量均有提高。

苜蓿是一种需水量较大的深根性草本植物种，水分胁迫会导致苜蓿净光合速率、蒸腾速率、叶绿素含量下降，细胞膜透性发生变化，导致产量下降。随着压实度增加，苜蓿叶含水量下降，说明植物的水分状况变差，但单株生物量增加，说明水分胁迫并没有对苜蓿生长产生显著的抑制作用，苜蓿表现出较强的抗旱能力，与裴宗平等（2014）的研究结果一致。2年生的苜蓿根系深度可达2.1m。王美艳等（2009）的研究表明，在黄土丘陵半干旱区，生长1年的苜蓿草地60~460cm土层深度的土壤含水量显著降低。但是由于T1苜蓿根系生长量低于T5，苜蓿可能不依赖于下层自然土壤中的水。

根据Cresswell和Kirkegaard（1995）的研究，苜蓿是能够适应高度压实的立地条件的植物种。但是在多层次的生态系统中，压实度还可能通过调节种间竞争间接影响苜蓿的生物量。随着压实度增加，刺槐的郁闭度下降。光照条件的改善有利于苜蓿干物质的积累。但2015年以后，各压实区林分均完全郁闭，光照条件不能解释苜蓿生物量的差异性，这可能是地下部分竞争的结果。

总之，尽管不同植物种对机械压实的适应性不同，但是一定程度的机械压实有利于改善人工土的水分物理条件和提高植物生长量。刺槐对压实的适应性较差，仅在压实度为T2、T3的人工土中生长良好；侧柏和苜蓿尽管能够适应高度压实的人工土，但在T2、T3压实区由于上层刺槐的遮挡生长受到抑制。研究表明，不同植物对压实人工土的适应性不同，因此植物筛选具有重要意义。近年来，计算机技术为压实条件下植物形态及生理响应的研究提供了新的技术支持，通过构建植物根系和生长模型，能够实施土壤压实条件下植物根系、茎秆及叶生长的模拟仿真（李立成，2013；孙玉莲，2013）。植物种的配置同样具有重要意义，可以借鉴前人关于立地类型划分、植物生态习性和种间关系、人工或近自然植物群落设计和优化配置等方面的大量研究和实践。

第四节　压实区植物空间分布特征

在研究过程中发现，植物在压实人工土中分布极不均匀。不同压实程度下，植物的空间分布格局和生长情况具有差异。为了量化研究不同分布的植物对压实的响应，分别对压实区边缘及内部植物的存活和生长状况进行调查。

1. 边缘及内部木本植物存活率

如图5-11所示，将每个压实区最靠近边缘的2行2列刺槐（共26株）、侧柏（共28株）标记为边缘植物；将内部的8行4列侧柏（共32株）、7行4列刺槐（共28株）标记为内部植物，调查分析。

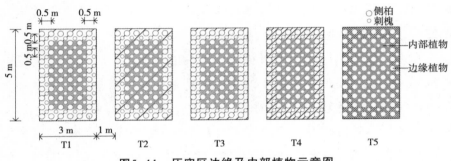

图5-11　压实区边缘及内部植物示意图

由于2012年统计成活率不区分边缘及内部植株，为了比较分布在压实区不同空间位置的植物生存状况，定义植物存活率为2014年存活个体数与2012年播种（栽植）个体数的比值，因此存活率是反映压实区植物成活及保存状况的综合指标。

调查结果如表5-11所示，分布在压实区边缘和内部的刺槐和侧柏存活率具有显著差异（$P<0.05$）。边缘刺槐的存活率为58%～88%，内部刺槐为0～50%；边缘侧柏的存活率为89%～96%，内部侧柏为72%～81%。

随着压实度增加，压实区内部刺槐的存活率从50%下降到0，但边缘刺槐的存活率基本不变；当压实度为T1和T2时，边缘刺槐的存活率均比内部刺槐高19%；当压实度为T3～T5时，边缘刺槐的存活率比内部刺槐高58%～63%。边缘侧柏的存活率比内部侧柏高11%～25%，受压实度影响不大。

表5-11　压实区边缘及内部刺槐、侧柏的株数（存活率）

单位：株（%）

物种及分布	T1	T2	T3	T4	T5
边缘刺槐	18（0.69）	17（0.65）	23（0.88）	15（0.58）	16（0.62）
内部刺槐	14（0.50）	13（0.46）	7（0.25）	0（0.00）	1（0.04）
边缘侧柏	26（0.93）	25（0.89）	27（0.96）	27（0.96）	27（0.96）
内部侧柏	25（0.78）	25（0.78）	23（0.72）	26（0.81）	26（0.81）

注：存活率为2014年存活个体数与2012年播种（栽植）个体数的比值。

空间分布对植物存活率的影响可能来源于两个方面。对于T1来说，人工土的孔隙度接近周围的砂质黏土（约32%），但田间持水量仅为周围土壤的1/3（约12%）。未经压实的人工土持水力弱、含水量低，植物由于土壤水分匮乏而受到水分胁迫。分布在T1边缘的植物个体，由于部分根系能够延伸到周围水分条件较好的土壤中吸取水分，存活率高于分布在T1内部的植物个体。

对于T2～T5压实区来说，植物也可能受到水分胁迫。但是机械压实提高了人工土的持水能力和含水量，边缘和内部刺槐存活率的差异性反而增大了。这说明，在压实人工土的生长环境中，刺槐存活率降低不是土壤含水量低导致的，而可能是土壤水分有效性降低导致的。压实降低了人工土的导水率，抑制了植物根系的呼吸和生长，使植物难以吸收利用土壤水分，受到水分胁迫，导致存活率下降。分布在T2～T5压实区边缘的植物个体，特别是刺槐个体，由于部分根系能够从周围松散、导水率较高、通气性较好的土壤中吸取水分，存活率高于分布在内部的植物个体。

2. 边缘及内部木本植物地上部生长量

根据边缘及内部分区，将2013年及2014年地上部生长量划分为边缘植物地上部生长量及内部植物地上部生长量，将2016年根系生长量划分为边缘植物根系生长量及内部植物根系生长量。

调查过程中发现，压实度对刺槐的郁闭度具有显著影响。由于侧柏分布在刺槐下层，为了排除光照条件对不同压实区侧柏生长的影响，2015年1月对刺槐进行间伐，各压实区内均留下15株刺槐。尽管如此，从2015年7月开始，各压实区均完全郁闭。2015年10月调查压实区内所有侧柏的株高、地径。

调查结果表明，2013年和2014年，各压实区边缘刺槐的株高、地径生长量与内部刺槐均没有显著差异。但除了T1外，各压实区边缘刺槐的平均株高和地径均高于内部刺槐，如图5-12所示。由于刺槐的个体数随着压实度的增加而减少，在T4和T5压实区，几乎所有个体都分布在压实区边缘，样本数量不足可能导致边缘及内部生长量差异无法通过显著性检验。

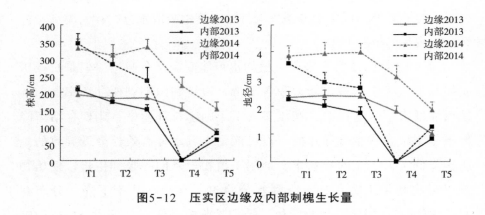

图5-12　压实区边缘及内部刺槐生长量

T2、T3边缘刺槐的株高和地径明显更接近T1边缘及内部刺槐，而与T2、T3内部个体的差异较大。T4、T5边缘及内部刺槐均与T1刺槐差异较大，T4边缘刺槐的株高显著低于T1边缘及内部刺槐，T5边缘刺槐的株高、地径均显著低于T1边缘及内部刺槐（$P < 0.05$）。

如图5-13所示，分布在压实区边缘及内部的侧柏地上部生长量具有显著差异。2013年，边缘侧柏的株高比内部侧柏增加0～23%，其中

T3、T5边缘侧柏的株高显著高于内部侧柏（$P<0.05$）；2014年，边缘侧柏的株高比内部侧柏增加7.5%~35%，其中T2、T3、T5边缘侧柏的株高显著高于内部侧柏（$P<0.05$）；2015年，边缘侧柏的株高比内部侧柏增加10%~26%，T2~T5边缘侧柏的株高均显著高于内部侧柏（$P<0.05$）。

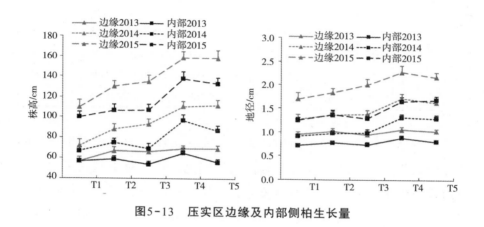

图5-13 压实区边缘及内部侧柏生长量

2013~2015年，各压实区边缘侧柏的地径生长量均显著高于内部侧柏（$P<0.05$）。2013年边缘侧柏的地径生长量比内部侧柏增加20%~33%，2014年增加26%~40%，2015年增加29%~55%。压实度与植物的分布对侧柏株高、地径生长量没有显著的交互作用，即边缘及内部侧柏生长量的差异性不随压实度而显著变化。

3. 边缘及内部木本植物根系生长量

如表5-12所示，总体来看，分布在压实区边缘植物的根系长度、表面积及生物量均高于压实区内部植物个体。

边缘及内部植物根系生长量的差异性受到植物种和压实度的影响。T1边缘侧柏的根系长度、表面积及生物量为内部个体的1.6~1.8倍，T5为1.6~2.7倍。T1边缘刺槐的根系长度、表面积、生物量分别为内部个体的10.7倍、6.2倍、3.0倍，但T5分别为2.4倍、2.7倍、14.8倍。

表5-12　压实区边缘及内部根系生长量

物种	压实度	分布	单株根长/m			单株表面积/cm²			单株干重/g
			粗根	细根	总量	粗根	细根	总量	
侧柏	T1	内部	2.6	49.2	51.8	325.7	1307.5	1633.2	46.5
		边缘	3.9	87.4	91.3	555.0	2000.3	2555.3	82.9
	T5	内部	3.5	58.9	62.4	328.8	1288.3	1617.1	36.9
		边缘	8.8	92.7	101.5	935.6	2319.3	3254.9	98.8
刺槐	T1	内部	2.7	9.5	12.3	717.3	318.0	1035.3	185.4
		边缘	12.2	119.4	131.6	1995.3	4432.2	6427.6	558.3
	T5	内部	3.3	26.2	29.5	312.4	823.9	1136.3	33.5
		边缘	6.4	64.1	70.5	1190.0	1848.0	3038.0	495.7

调查结果表明，对于侧柏来说，压实区边缘及内部根系生长量的差异性较小，并且压实度对差异性的影响也较小。对于刺槐来说，不仅边缘及内部根系生长量差异较大，在压实影响下，根系结构也发生了显著的改变。T1边缘刺槐的细根根系长度及根表面积分别为内部个体的12.6倍及13.9倍，粗根分别为4.5倍及2.8倍，说明分布在未经压实的人工土边缘的刺槐个体额外发展了大量的细根，可能与水分、养分的吸收有关。分布在T5边缘的刺槐粗根根长及表面积、细根根长及表面积为内部个体的1.9~3.8倍，但是根系生物量是内部个体的14.8倍，说明分布在高度压实人工土边缘的刺槐主根根径大幅增加，可能与根系的支持和固定作用有关（Yin，2002）。

分布在压实人工土边缘的植物个体，由于部分根系能够延伸到压实区以外的自然土壤中，生长状况与分布在内部的植物个体截然不同。总体而言，压实区边缘个体的存活率、地上部及根系生长量高于内部个体。但是对于在未经压实的人工土（T1）与压实人工土（T2~T5）中生长的植物，自然土壤的作用存在差别，必须作出区分。

首先，在植物生长初期，植物根系分布没有超过人工土厚度的时候，由于未经压实人工土的持水能力和含水量较低，一些植物如刺槐受到了水分胁迫。分布在人工土边缘的刺槐个体能够从周围含水量较高的自然土壤中吸收水分，缓解了水分胁迫，因此存活率升高（苏里坦等，2009）。然而，当刺槐根系穿透了人工土层，能够从下层自然土壤中获得水分的时候，T1边缘和内部刺槐的地上部生长量没有表现出显著差异。T1边缘刺槐的细根根长、细根表面积分别是内部个体的12.6倍及13.9倍，然而这只是分布在人工土基质层的细根数量，由于T1内部刺槐的主要水源来自下层自然土壤，其细根可能主要分布于下层自然土壤。

对于压实人工土，由于压实降低了总孔隙度，增加了毛管孔隙度，使土壤含水量升高。但由于机械阻力增大，通气孔隙减少，植物根系的生长和呼吸作用受到阻碍，一些植物如刺槐等不能吸收利用压实人工土中蓄存的水分，从而受到了水分胁迫。由图5-14可见，T5

图5-14 压实区边缘刺槐根系生长方向

刺槐的主根无法像T1刺槐主根一样向下穿透人工土层。当个体分布在压实区边缘的时候,T5刺槐根系近水平生长,从压实区周围紧实度较低、通气条件较好的自然土壤中获取水分,缓解了水分胁迫,因此存活率和地上部生长量提高。

与刺槐不同,压实区边缘及内部侧柏存活率、地上部及根系生长量的差异性与压实度无关。由于分布在刺槐下层,侧柏不但可能受到水分胁迫,也可能由于刺槐遮挡、光照不足而受到胁迫。分布在压实区边缘的侧柏,不但根系能够接触到压实区以外的自然土壤,地上部分还能够接受额外的光照,因此边缘侧柏的存活率及生长量显著高于内部个体。

随着压实度增加,一方面,人工土的紧实度增加,导致土体对根系的限制作用增强,土壤通气性下降,微生物活性及根系呼吸率下降,影响了根对水分、养分的吸收。因此,随着压实度增加,边缘及内部侧柏水分条件的差异性升高。另一方面,刺槐的郁闭度随压实度增加而大幅下降,压实区内部的光照条件得到改善,边缘及内部侧柏光照条件的差异性下降。以上原因可能导致压实区边缘及内部侧柏存活率、地上部及根系生长量的差异性不随压实度的变化而变化。

总之,对于垃圾土与石砾配比为4:1的人工土,一定程度的机械压实能够改善水分物理特性,促进植物生长。在应用过程中,应注意不同植物种对压实植生基质具有不同适应性,以及复层结构群落中植物的搭配。对于刺槐等不适应土壤压实的植物种,建议使用T2及T3压实度的人工土,对应孔隙度为22.1% ~ 26.8%;对于侧柏、苜蓿等能够适应土壤压实的植物种,可采用T5压实度的人工土,对应孔隙度为13.3%。压实人工土的植物生长适宜性可能不如自然土壤。让植物的部分根系接触到自然土壤能够进一步提高幼苗存活率和植物生长量,对于刺槐等适应性较差的植物种尤其如此。

第六章　存量垃圾土配制喷播基材

社会经济的发展离不开各类开发建设项目，后者在促进区域经济快速发展的同时必将破坏建设地区及其周边区域的自然生态环境，尤其是新增的大面积裸露边坡造成景观失调和水土流失，甚至引发滑坡、崩塌等次生地质灾害。因此，对裸露边坡实施生态修复与重建意义重大。

目前，我国边坡绿化多以液压喷播技术为主，在引进和吸收国外先进设备和技术的基础上，形成了自己成熟的技术体系，但是在边坡绿化的实践中也出现了很多问题。液压喷播需要消耗大量的土壤和泥炭，随着城镇化进程的加快和对湿地保护的重视，能够用于绿化的土壤和泥炭越来越少，且成本越来越高，亟须研发液压喷播植生基质的替代品或新材料。

自20世纪90年代末期开始，我国学者对喷播基材组成成分及城市垃圾的资源化利用开展了一系列研究，用富含有机质及营养元素的生活垃圾替代泥炭作为花卉栽培基质是目前国内的研究热点，但将生活垃圾运用于客土喷播的研究较少。本章以非正规垃圾填埋场垃圾筛分土为研究对象，将北京丰台、石景山、昌平、通州、密云5个垃圾填埋场取得的存量垃圾充分混合后过筛分级。基于前期的研究成果，对其基材理化性质，包括强度、含水率、养分含量及喷播和抗冲刷试验等的影响规律作了评价，分析得出存量垃圾土在喷播绿化中应用的最佳配比，通过喷播试验示范评价其效益，分析得出单位喷播面积的投资成本。

第一节　添加剂对垃圾土抗剪强度的影响

将丰台、石景山、昌平、通州、密云5个垃圾填埋场取得的存量垃圾充分混合后，进行过筛分级。土壤筛孔径分别为3mm、5mm、7mm、10mm、20mm。对垃圾筛分土不同粒径土壤有机质予以测定，结果如表6-1所示。

表6-1　不同粒度垃圾土有机质含量

粒径/mm	<3	3~5	5~7	7~10	10~20	>20
有机质含量/（g/kg）	23	25.7	28.9	30.3	32.6	32.8

将上述6种粒径的垃圾土调制成泥，装入长69cm、宽42cm、厚5cm的铁制模型中，制备成泥块，自然晾干，全部出现开裂现象。

将上述6种粒径的垃圾土分别喷播在55°的人工坡面上。尽管在坡上加了铁丝网，粒径较大的垃圾土受降雨击溅及径流冲刷影响较大，并产生滑坡。这说明垃圾土黏结力较弱，直接将垃圾土用作喷播基材不容易附着在坡面上，下雨后易被冲刷，坡体稳定性差。

为了有效解决垃圾土黏结力差、附着性不强等问题，利用垃圾土、塑料草丝、黏合剂及木纤维混合配制人工土，探索适宜的混合比例，以提高喷播基材的抗拉、抗剪强度。

（1）塑料草丝

塑料草丝购买自江苏某人造草坪有限公司。将成卷的草丝手工剪断为10cm长的草丝段，6种不同粒径垃圾土中分别添加草丝100根、200根、300根，加筋比例为单位体积筛分土内草丝的根数。使用自制直剪仪测定剪切力，结果如表6-2所示，表明塑料草丝起到了加筋的效果。通过添加塑料草丝，垃圾土的抗剪强度提高。由表6-2可以看出，草丝的数量和抗剪强度不是严格的正相关关系。

表6-2　不同粒径垃圾土添加塑料草丝后剪切力

单位：kg

垃圾土粒径/mm	塑料草丝数量/根		
	100	200	300
<3	113.7	150.9	133.2
3~5	109.3	153.6	125.8
5~7	85.1	146	100.9
7~10	100.1	124.4	154.2
10~20	94.3	114.7	146.1
>20	80.7	92.7	131.8

（2）黏合剂

将7850cm³垃圾土与水以5∶3的体积比混合后，分别添加1g、2g、3g黏合剂，搅拌均匀，制作测试样本。搅拌过程中发现，黏合剂添加量为1g时呈稀糊状，黏合剂添加量为2g时较黏稠，黏合剂添加量达到3g时拉丝现象严重，非常黏稠，以致搅拌困难。

1d后观测发现，添加黏合剂后，垃圾土形成小团，手感滑润，混合物与容器间有空隙，容易从容器中倒出，表面没有裂隙；没有添加黏合剂的垃圾土块与容器间没有空隙，不能从容器中倒出，表面出现开裂。用直剪仪测定试样剪切力，结果如表6-3所示。试验结果表明，黏合剂可以提高垃圾土的黏性。

表6-3 不同粒径垃圾土添加黏合剂后的剪切力

单位：kg

垃圾土粒径/mm	黏合剂添加量/g		
	1	2	3
<3	54.6	49.7	54.8
3~5	44.45	45	46.1
5~7	41.45	41.5	42.7
7~10	35.75	36.7	35.95
10~20	28	26.75	32.75
>20	24.25	24.5	28.75

（3）木纤维

将3925cm³垃圾土与水以1：1的体积比混合后，分别添加100g、200g、300g木纤维，搅拌均匀，制作测试样本，晒干后用直剪仪测定剪切力，结果如表6-4所示。

表6-4 不同粒径垃圾土添加木纤维后的剪切力

单位：kg

垃圾土粒径/mm	木纤维/g		
	100	200	300
<3	55.45	63.25	60.05
3~5	51.15	49.85	44.95
5~7	47.05	44.7	53.5
7~10	44.2	58.45	57.75
10~20	35.85	51.45	41.15
>20	26.75	38.15	33.95

对垃圾筛分土不同粒径土壤的有机质、剪切力测定结果分析表明，垃圾土的养分含量随粒径的增大而增加，剪切力随粒径的增大而减小。垃圾土的粒径越大，黏性越差，坡体稳定性越差。对筛分难易程度、养分含量、附着力大小、材料成本方面综合分析后认为，粒径为7~10mm的垃圾土中分别添加300根草丝、2g黏合剂、200g木纤维后，用作喷播基材较佳。

第二节 垃圾土配制喷播基材方案设计

喷播基材是由固体、液体和气体三相物质组成的具有一定强度的多孔性人工材料。本节利用垃圾土、草炭土混合物和团粒剂配制喷播基材，其中草炭混合物为草炭土添加适量保水剂和木纤维的混合物。垃圾土提供植物生长必需的养分；草炭混合物用于改善种子生长初期的环境，提高喷播基材的孔隙率，提高发芽率；团粒剂使土壤颗粒相互黏结起来，形成一定的黏结强度和抗冲刷能力。

喷播基材设计方案如表6-5所示，通过比较不同混合配比下喷播基材的抗剪强度、含水率、养分含量等物理化学性质确定喷播基材的适宜配比。

表6-5 喷播基材设计方案

试验号	垃圾土/g	草炭土混合物/g	团粒剂/g	水/mL
1	10 000	240	1.25	6000
2	10 000	300	1.75	6500
3	10 000	360	2.25	7000
4	10 000	420	2.75	7500
5	12 000	300	1.75	6500
6	12 000	360	2.25	7000
7	12 000	420	2.75	7500
8	12 000	240	1.25	6000

试验号	垃圾土/g	草炭土混合物/g	团粒剂/g	水/mL
9	14 000	360	2.25	7000
10	14 000	420	2.75	7500
11	14 000	240	1.25	6000
12	14 000	300	1.75	6500
13	16 000	420	2.75	7500
14	16 000	360	2.25	7000
15	16 000	300	1.75	6500
16	16 000	240	1.25	6000

1. 有机质含量

土壤有机质含量是衡量土壤肥力高低的重要指标之一，它能促使土壤形成结构，改善土壤物理、化学及生物学过程的条件，提高土壤的吸收性能和缓冲性能。此外，有机质含有植物所需要的各种养分，如碳、氮、磷、硫等。要了解土壤的肥力状况，必须进行土壤有机质含量的测定。

各种基材有机质含量测定结果如图6-1所示。可以看出，有机质含量最高的是6号试验组配比，达到517.3g/kg，其次的是15号试验组配比，达到484.4g/kg，有机质含量高低与垃圾土及草炭土质量成正比关系。3、6、12、15试验组配比有机质含量较高，可满足植被种子的发芽、生长需要。

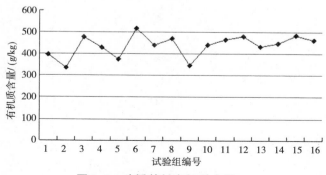

图6-1 喷播基材有机质含量

2. 基材容重

按照设计方案,用天平称取每组试验所需的垃圾土、草炭土混合物、团粒剂、水,充分搅拌。搅拌完成后,将混合物倒入长69cm、宽42cm、厚5cm的铁制模型中,放入养护室内养护2d。然后拆模,将试样密封,放在水中养护,分别于3d、7d、14d后测定容重及孔隙率。

土壤容重能够反映土壤结实性、松紧度、通气透水性好坏。当容重过大时,基材结实板结、结构性差、通气透水性不良,不利于植物根系发展,有碍植物生长。由于基质是用作边坡防护的,容重过大还可能增加滑坡的危险。容重过小时,基材孔隙率过大,通气透水性强,易干旱,影响作物出苗与正常生长。

容重测定结果如图6-2所示。经过3d的养护后,基材的容重为1.034(5号试验组)~1.259g/cm³(16号试验组),7d后为1.008(5号试验组)~1.309g/cm³(16号试验组),14d后为1.037g(3号试验组)~1.278g/cm³(16号试验组)。一般来说,对于同一试验组,随着时间的推移,基材容重呈上升趋势,表明基材变得结实,透水性降低。

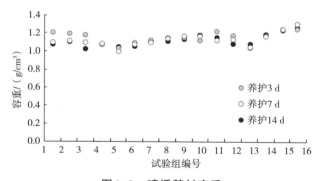

图6-2　喷播基材容重

3. 基材孔隙度

土壤孔隙的大小、数量及分配是体现土壤结构特征的重要因子,也是评价土壤质量水平的重要指标，孔隙度大小决定着土壤通透性和紧实程度。各基材孔隙度测定结果如图6-3所示。试验结果表明，经过3d、7d、14d养护后，12号试验组的孔隙度均最高。对于同一试验配比，养护3d后的基材孔隙度高于养护7d后的基材孔隙度，而养护14d后的基材孔隙度介于两者之间。对于同一种基材，其容重越小，孔隙率越大。

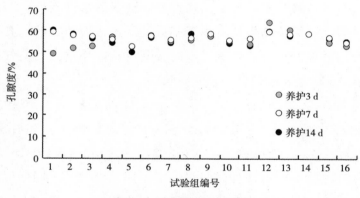

图6-3 喷播基材孔隙度

4. 基材剪切强度

根据剪切仪的土样样品要求，制作直径为5cm、高为4cm的圆柱体样本，使用自制直剪仪测定剪切强度。

如图6-4所示，养护时间越长，团粒剂反应生成的水化产物越多，喷播基材的剪切力越大。此外，剪切强度随基质配比中团粒剂量的增大而增大。

综合分析上述试验结果可得，按6号配比制备的喷播基材综合性能最优。喷播基材最优配合比组合：垃圾土12 000g+草炭土混合物360g+团粒剂2.25g+水7000mL。

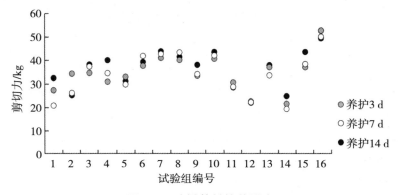

图6-4　喷播基材抗剪强度

5.喷播基材稳定性

对养护12h、3d、7d后的6号配比喷播基材进行模拟降雨试验，降雨强度分别为100L/h和250L/h，测定不同降雨强度条件下喷播基材的流失量，研究种植基的稳定性。

试验结果如表6-6所示。降雨强度越大，基质流失量越大。随着养护时间的推移，同等降雨强度下基质流失量减小。养护7d后喷播基材已基本稳定，降雨过程中，喷播基材未出现滑坡现象，整体稳定性较好。

表6-6　人工降雨条件下喷播基材稳定性

试验条件	试验项目	降雨时间		
		12 h	3 d	7 d
降雨强度100L/h 坡度70°	水样体积/mL	450	550	650
	过滤后烘干质量/g	1.3692	1.1573	0.0087
	含量比/%	0.4125	0.2584	0.0061
降雨强度250L/h 坡度70°	水样体积/mL	400	300	200
	过滤后烘干质量/g	1.7695	0.6498	0.3335
	含量比/%	0.4248	0.0139	0.0073

第三节 喷播示范试验

选定6号配比制备喷播基材，并以45°～70°的模拟矿山岩石边坡为研究对象，进行室外喷播试验示范。喷播植物种及密度见表6-7。

表6-7 喷播植物种及密度

植物种	种子密度/（g/m²）
多花木蓝	15
紫穗槐	20
黑麦草	20
高羊茅	20

喷播采用以下流程：

①勾花网铺设。采用高镀锌菱形铁丝网，网孔规格为6cm×6cm。挂网施工时采用自上而下放卷，相邻两卷铁丝网分别用绑扎铁丝连接固定，两网交接处要求至少重叠10cm。网与坡面保持一定间隙，并均匀一致。

②种子处理。灌木种子、草种浸泡催芽，以促进其萌发，喷播前用80℃热水浸种1～2h。

③喷播基材混合配制。将喷播基材各组分严格按设计配比配制并经机械充分搅拌。喷播量较大时需提前将材料准备好，同时要求材料充分干燥，防止雨水淋湿，保证基材喷固时能正常使用。

④喷播基材喷固。基材喷固前，先将坡面湿润，利用客土喷播机将充分拌匀的基材喷固于模拟边坡上，避免仰喷。基材喷固分两层进行，第一层先喷射约7cm厚，待基材稳定（10～15min）后再喷射第二层3cm厚基材，种子置于第二层基材中。由于基质水分丧失会造成基质厚度不够，一般喷播厚度为设计厚度的125%。喷固时，要求喷枪口距坡面约2m，加注的水量以保持基材流不散为宜。

⑤覆盖遮阳网。在基材喷播完成后，迅速将遮阳网从坡顶往下铺设覆盖，往下铺设时尽量紧贴土层，铺设时可采用锚钉固定，个别不平的地方可加固。铺设遮阳网后能有效防止雨水对坡面及种子的冲刷，防止表层水土流失，同时又可起到保水保湿的作用，促进植物生长。

⑥养护及管理。喷播后应保持土壤湿润，7天左右草本植物开始发芽，15～20天后灌木开始萌发，2个月后开始覆盖坡面。由于草的生长速度很快，前期必须进行精细养护，及时清除过多的草，为灌木生长提供有利条件。喷播完成后1～2个月应全面检查植草生长情况，对生长明显不均匀的位置予以补播，在灌木发芽率低的部位可开挖洞穴，补种当地野生灌木。

植物种子从出芽至幼苗期间必须浇水养护，保持土壤湿润。每天早晨浇一次水（炎热夏季早晚各浇一次水），浇水时应将水滴雾化（有条件的可以安装雾化喷头），之后随植物的生长可逐渐减少浇水次数，并根据降水情况调整。在草逐渐生长的过程中，对其适时施肥和防治病虫害，施肥坚持"多次少量"的原则。

喷播1个月以后发现，大部分种子都正常发芽，幼苗发育良好，叶片饱满呈鲜绿色。3个月后，植物生长茂盛，植株高度达10～20cm，完全覆盖坡面，达到了预期的绿化效果。

第四节　垃圾土配制喷播基材效益评价

将存量垃圾土用作喷播基材应用于工程绿化，既能够腾出旧垃圾场的库容用于填埋新垃圾，实现垃圾填埋场的循环利用，又能够满足喷播绿化工程对种植用土的需求，无论在体现科学研究价值、促进科技进步方面还是在土地保护、环境建设、市容卫生、居民生活质量、社会和谐方面均具有重大意义，生态环境效益、经济效益十分显著。

1．生态效益分析

①喷播长出的植物有效地保持了水土，减少了土壤侵蚀。草本及灌木植物因具有致密的地表覆盖和在表土中有絮结的根系，有良好的防止土壤侵蚀的作用。

②改善和调节了小气候环境。植物能吸收太阳辐射，消耗一部分太阳热量，因而夏季对土壤有明显的降温作用。

③保护和净化水资源，提高了水资源的质量和有效利用率。

④净化大气，提高大气质量。草植物能够稀释、分解、吸收和固定大气中有害物质，并通过光合作用转害为利，从而改善环境污染、净化大气。

⑤提高了土地利用率，增加了植被盖度，使周边生态景观更和谐。

⑥为更高等植物定植打下了良好的基础。坡面建植后小气候得到改善，土壤理化性质发生变化，土壤肥力有所提高，为高等植物定植创造了条件。

⑦实现了垃圾填埋场的资源化、减量化、无害化，又避免了喷播绿化工程中客土造成的二次生态环境破坏。

2．经济效益分析

（1）垃圾填埋场新增征地费

项目的实施相当于节省了垃圾填埋场再造所需的征地费用，一个垃圾填埋场地可以节省几亿至数亿元，其巨大的经济效益显而易见。

（2）喷播绿化工程客土费用

大量矿山废弃地等高陡边坡亟需植被恢复，喷播工程绿化目前主要采取"客土法"恢复修复地的表面基质，虽修复了废弃地，但破坏了其他地方的地表土，甚至破坏了耕地，造成了二次生态环境破坏。

项目的实施可节省大量喷播绿化工程客土费用，避免了二次生态环境污染。

（3）喷播绿化工程投资计算

喷播试验所需喷播基材清单及价格见表6-8（按装满1罐喷播机箱体6m³计算）。

表6-8　喷播基材清单及价格

名称	分项	用量	单位	单价/元	金额/元
高次团粒化剂		450	g	50/kg	22.5
草炭土		70	kg	1.2/kg	84
保水剂		500	g	30/kg	15
纤维素	花生壳	30	kg	1/kg	30
草种	多花木蓝	900	g	40/kg	36
	紫穗槐	1200	g	13/kg	15.6
	黑麦草	1200	g	30/kg	36
	高羊茅	1200	g	15/kg	18
勾花铁丝网		2	卷	125/卷	250
遮阳网		1	卷	150/卷	150
人工费	工程施工	2	人	100/（人/d）	200
燃油		32	L	6/L	192
滴管管材		1	套		120
水费		1.5	m³	5.4/m³	8.1
合计					1177.2

研究采用客土喷播方法，并以45°～70°的模拟矿山岩石边坡为研究对象，做室外喷播试验示范，共喷播60m²，总投资1177.2元，平均1m²投资为19.62元，而传统护坡工程平均1m²投资额约为150元。与工程措施相比，采用客土喷播方法治理陡坡每平方米投资可降低130.38元。垃圾土用作喷播基材的研究所带来的效益，无论是直接的经济效

益还是间接的生态效益和技术效益，都十分显著，因此该技术是一项推广潜力很大的技术，可以在全国大范围推广。

利用垃圾土配制喷播基材，是环境修复应用的一种新型技术，不仅可以处理越来越多的城市生活垃圾，还可以腾空旧的垃圾填埋场，同时能够节约能源、有效合理地处置废弃物。存量垃圾处理与边坡绿化两项技术相结合，形成一套环境污染物处理和生态环境建设相辅相成的体系。

从资源化利用的角度看，垃圾土含有丰富的氨、磷、钾，经长时间填埋后其筛分土可作为土壤改良剂和绿化介质肥土使用，可以用于园林绿化、荒山造林、林业施肥和裸露边坡、山体缺口、尾矿、采石场的生态治理，以及沙化土地治理和退化草场复绿等多方面。随着该项技术的进一步推广应用，一向令市政和垃圾填埋场头疼的存量垃圾有了新的出路。作为新一代快速绿化和水土保持材料，在短时间最大限度地恢复植被，使众多的裸露边坡、山体缺口重新披上绿装、恢复生态环境，具有显著的生态效益和社会效益。

尽管如此，高陡岩坡喷播基材的研究在我国还处于起步阶段，一些问题还有待解决：其一，如何提高喷播基材的保水和保肥性能等仍需做更深入的研究；其二，在保证种子正常生长的情况下，如何调整土壤基质结构，增强土壤的抗冲刷性能，更好地保证水土不流失、边坡不坍塌等也需要进一步研究；其三，喷播新材料、施工工艺开发、维护养护机制等方面还需进一步研究。

第七章　结论与展望

本书通过土工试验、盆栽试验、径流小区试验和田间试验对存量垃圾土、存量垃圾-石砾人工土及垃圾土与石砾配比为4：1的压实人工土的物理、化学、工程性质进行了研究，评价其对植物生长的适宜性。本书主要结论如下：

存量垃圾土是一种容重小、孔隙度大、渗透速率高、保水性强、抗剪强度低、富含有机质和营养元素的类土体。存量垃圾土中的砷、铬、铜、镍、铅、锌、镉、汞等重金属含量符合《土壤环境质量标准》二级或三级标准；水溶性盐总量接近轻度至重度盐化土壤；阳离子交换量低于绿化种植土壤；半挥发性有机污染物中检出苯酚类2项、多环芳烃9项、邻苯二甲酸酯类2项、有机氯农药类1项，但浓度均低于《展览会用地土壤环境质量评价标准》规定的土壤环境质量评价标准限值，且未明显高于城市和/或农田土地；大肠菌群最可能数接近短期堆肥产品。垃圾土浸提液对植物种子萌发没有显著的影响，垃圾土对植物幼苗生长的影响具有种间差异，其有利于桑树、沙地柏生长，不利于花木蓝生长，对侧柏生长没有显著影响。

与垃圾土相比，存量垃圾-石砾人工土的容重显著增加，孔隙度、田间持水量显著下降，抗剪强度提高。垃圾土与石砾配比对人工土的水分物理特性及植物生长适宜性具有显著影响。径流小区试验表明，在自然降水条件下，随着垃圾土体积分数降低，人工土的平均含水量下降，雨季含水量受到雨前含水量、降雨量的影响减小，含水量的日变化幅度下降，地下径流量及径流总量增加，降水量等级对径流量的影响增加，日蒸散量下降。人工土的日蒸散量、日蒸散比例与同层土壤含水量显著正相关，随着土壤深度增加，日蒸散量、日蒸散比例与土壤含水量的相关性下降。表层土壤含水量与深层日蒸散比例显著负相关，深层土壤含水量与表层日蒸散比例显著负相关。不同配比小区的植物覆盖度、植物生长量具有显著差异，垃圾土与石砾配比为1∶8的人工土中植物生长不良。

对于垃圾土与石砾配比为1∶4的人工土来说，机械压实能够显著提高含水量和持水能力。雨季期间，压实人工土的含水量主要由雨前含水量和降雨量决定，随着压实度增加，雨前含水量及降雨量对含水量的影响增强。压实人工土的日蒸散量受到压实度、土层深度和土壤含水量的影响。随着压实度提高，刺槐及苜蓿的叶含水量下降，刺槐的成活率、地上部及根系生长量显著下降，侧柏的存活率、地上部及根系生长量显著增加，苜蓿的单株生长量显著增加。分布在压实区边缘的刺槐存活率比内部刺槐增加19%～63%；当孔隙度小于21.1%时，几乎所有的刺槐都分布在压实区边缘，但边缘及内部刺槐生长量没有显著差异；压实度对刺槐根型具有显著影响。分布在压实区边缘的侧柏存活率比内部侧柏增加11%～25%，株高增加0～34.8%，地径增加19.7%～39.9%，根长、根表面积及根系生物量为内部个体的1.6～2.7倍。

研究表明，存量垃圾土能够资源化利用在采石场迹地植被修复中。利用存量垃圾土及粗颗粒采石废弃物配制人工土，能够支持植物生长，改善采石场迹地立地条件，促进植被修复。垃圾土与石砾配比为3∶7～7∶3的人工土养分、水分、通气条件最适合目标植物生长。当垃圾土体积含量低于该配比时，可以通过机械压实措施改善人工土的水分物理性质，提高植物生长适宜性。对于刺槐等不适应土壤压实的植物种，可调节孔隙度至22.1%～26.8%；对于侧柏、苜蓿等能够适应土壤压实的植物种，可调节孔隙度至13.3%。

本书将城市垃圾处理、采石场废弃渣石处理、采石场迹地植被修复三个环境问题相结合，资源化利用存量垃圾和采石作业产生的粗颗粒废弃物，配制成存量垃圾-石砾人工土，以改善立地条件，减少弃渣弃土量，降低植被修复成本，保护土地资源。书中对垃圾土的物理、化学、生物性质进行了检测，对存量垃圾资源化利用在采石场迹地植被修复中的可行性进行讨论并提出了建议。利用垃圾土及粗颗粒采石废弃物混合配制人工土，通过调节垃圾土与石砾配比和机械压实两种方式调节人工土的水分物理特性，可提高植物生长适宜性。

然而，存量垃圾的组成成分十分复杂，具有地域上的差异性，并随时间不断地改变。存量垃圾组成特性的时间和空间变异性需要进一步研究，从而细化存量垃圾的分类，确定具体运用方式和预处理方式。此外，只使用两种材料配制的人工土组成过于简单，可以添加更多的有机和无机材料，对不同的组成和配比进行探索，一方面开发适应面广的普适性人工土，另一方面针对生态价值、经济价值、美学价值高的目标植物种开发专门的人工土。

参考文献

[1] 安琼，靳伟.酞酸酯类增塑剂对土壤–作物系统的影响[J].土壤学报，1999，36（1）：118‐126.

[2] 卞正富，张国良.矿山土复垦利用试验[J].中国环境科学，1999，19（1）：81‐84.

[3] 步秀芹.黄土丘陵区主要灌草种蒸腾耗水特性研究[D].西安：西北农林科技大学，2007.

[4] 曹丽，陈娜，胡朝辉，等.垃圾填埋场：世界最大的生态修复案例——以武汉市金口垃圾填埋场为例[J].城市管理与科技，2016，18（3）：24‐27.

[5] 陈波，包志毅.国外采石场的生态和景观恢复[J].水土保持学报，2003，17（5）：71‐73.

[6]　陈军.氯过氧化物酶对苯酚生物降解的促进作用及其动力学研究[D].上海：上海师范大学，2014.

[7]　陈为旭，陈燕红，张济宇.石材矿区生态修复技术探析[J].农业环境与发展，2010，27（3）：63-66.

[8]　陈希哲.土力学地基基础[M].北京：清华大学出版社，2004.

[9]　陈媛媛.杉木人工林土壤水分与环境因子关系研究[D].长沙：中南林业科技大学，2013.

[10]　迟仁立，左淑珍，夏平，等.不同程度压实对土壤理化性状及作物生育产量的影响[J].农业工程学报，2001，17（6）：39-43.

[11]　崔德杰，张玉龙.土壤重金属污染现状与修复技术研究进展[J].土壤通报，2004，35（3）：366-370.

[12]　崔泰昌，陆建华.试论蓄满产流模型与超渗产流模型[J].山西水利科技，2000（3）：13-15.

[13]　丁爱芳.江苏省部分地区农田土壤中多环芳烃（PAHs）的分布与生态风险[D].南京：南京农业大学，2007.

[14]　丁俊男，张会慧，迟德富.土壤菲胁迫对高丹草幼苗生长和叶片叶绿素荧光特性的影响[J].草地学报，2014，22（4）：808-815.

[15]　董刚，张文生，王宏霞.北京地区固体废弃物堆存对其周围土壤环境中有害组分的影响[C]//中国硅酸盐学会.中国硅酸盐学会水泥分会第三届学术年会暨第十二届全国水泥和混凝土化学及应用技术会议论文摘要集.绵阳，2011.

[16]　樊登星.北京山区坡面土壤侵蚀响应特征及模型模拟研究[D].北京：北京林业大学，2014.

[17]　方华，林建平，莫江明.采石场生态重建的有关问题[J].生态环境，2006，15（3）：654-658.

[18]　冯雪，李剑，滕彦国，等.吉林松花江沿岸土壤中有机氯农药残

留特征及健康风险评价[J].环境化学，2011，30（9）：1604‑
1610.

[19]　耿玉清，余新晓，岳永杰，等.北京山地森林的土壤养分状况
[J].林业科学，2010，46（5）：169‑175.

[20]　高艳鹏.半干旱黄土丘陵沟壑区人工林密度效应评价[M].北
京：中国林业出版社，2012.

[21]　关文彬，张敬民，刘绍祥.油松刺槐造林成活生长最低土壤水
分指标的测定[J].辽宁林业科技，1989（4）：49‑51.

[22]　郭晶晶，郭小平，赵廷宁，等.北京房山采石场渣土基质对高羊
茅生长的影响[J].水土保持研究，2013，20（3）：161‑166.

[23]　郭庆国.粗粒土的抗剪强度特性及其参数[J].陕西水力发电，
1990（3）：29‑36.

[24]　何江涛，金爱芳，陈素暖，等.北京东南郊再生水灌区土壤PAHs
污染特征[J].农业环境科学学报（自然科学版），2010，29
（4）：666‑673.

[25]　胡婷.苯酚降解菌的固定化及其修复作用研究[D].杨凌：西北
农林科技大学，2014.

[26]　黄岗，迟祖望，杨晓梅.固体废弃物配施改良沙漠土的可行性
研究——以陕西省榆林市为例[J].矿物岩石地球化学通报，
2008，27（1）：63‑68.

[27]　黄冠华，詹卫华.土壤颗粒的分形特征及其应用[J].土壤学
报，2002，39（4）：490‑497.

[28]　姜必亮，王伯荪，蓝崇钰，等.垃圾填埋场渗滤液灌溉对土壤
微生物生物量及酶活性的影响[J].环境科学学报，2001，21
（1）：55‑59.

[29]　蒋俊明，蔡小虎，陆元昌，等.石砾对土壤水分常数的影响[J].
四川林业科技，2008，29（6）：11‑15.

[30] 蒋煜峰，王学彤，孙阳昭，等.上海市城区土壤中有机氯农药残留研究[J].环境科学，2010，31（2）：409-414.

[31] 简文星.浅谈日本固体废弃物的管理及处置技术[J].环境科学动态，2002，4（1）：1-4.

[32] 金奕胜，郭小平，张成梁.添加矿化垃圾腐殖土对绿化土壤物理特性的影响[J].中国水土保持科学，2015（1）：101-105.

[33] 蓝崇钰，束文圣.矿业废弃地植被恢复中的基质改良[J].生态学杂志，1996，15（2）：55-59.

[34] 李丹雄，赵廷宁，张艳，等.太行山北段东麓采石废弃地立地类型划分及评价[J].中国水土保持科学，2015，13（2）：112-117.

[35] 李迪，张漫，李亦明，等.堆积体滑坡稳定性的实时定量评价法[J].岩石力学与工程学报，2008，27（10）：2146-2152.

[36] 李广清.建筑垃圾在园林建设中的再生利用研究[J].广东林业科技，2010，26（4）：77-82.

[37] 李华，赵由才.填埋场稳定化垃圾的开采、利用及填埋场土地利用分析[J].环境卫生工程，2000，8（2）：56-57.

[38] 李季，彭生平.堆肥工程实用手册[M].北京：化学工业出版社，2005.

[39] 李立成.土壤压实对扦插植物根系生长的影响及其可视化仿真[D].昆明：昆明理工大学，2013.

[40] 李小平，程曦.毒性浸出试验（TCLP/SPLP）在固化/稳定化（S/S）技术修复重金属污染土壤的应用[C]//中国环境科学学会.中国环境科学学会2013年学术年会.昆明，2013.

[41] 李雄，徐迪民，赵由才，等.生活垃圾填埋场矿化垃圾分选研究[J].环境污染与防治，2006，28（7）：481-484.

[42] 李雨芯，邱媛媛.矿山固体废弃物在土地复垦中的应用[J].有色冶金设计与研究，2008，29（1）：38-40.

[43] 李振，李鹏.粗粒土直接剪切试验抗剪强度指标变化规律[J].水利与建筑工程学报，2002，8（1）：11-14.

[44] 刘勃，孟丽艳，洪卫，等.利用碱法草浆造纸固体废弃物生产有机-无机复混肥的农田试验[J].磷肥与复肥，2007，22（1）：71-75.

[45] 刘光崧.土壤理化分析与剖面描述[M].北京：中国标准出版社，1997.

[46] 刘爽，吴永波.城市土壤压实对树木叶片叶绿素及光合生理特性的影响[J].生态环境学报，2010，19（1）：172-176.

[47] 刘毅，李欣.北京城市生活垃圾资源化分析[J].管理观察，2014（32）：12-14.

[48] 刘战东，高阳，段爱旺，等.麦田降雨产流过程的影响因素[J].水土保持学报，2012，26（2）：38-44.

[49] 龙焰，沈东升，劳慧敏，等.生活垃圾填埋场不同粒径陈垃圾中微生物的分布特征[J].环境科学学报，2007，27（9）：1485-1490.

[50] 罗沛.大气颗粒态典型半挥发性有机污染物的粒径分布及人体呼吸暴露风险评估[D].广州：中国科学院研究生院（广州地球化学研究所），2015.

[51] 逯进生.废弃采石场植被恢复问题探讨——以北京市为例[J].林业经济，2008（3）：36-38.

[52] 吕瑞恒，刘勇，于海群，等.北京山区不同林分类型土壤肥力的研究[J].北京林业大学学报，2009，31（6）：159-163.

[53] 毛任钊，松本聪.盐渍土盐分指标及其与化学组成的关系[J].土壤，1997，29（6）：326-330.

[54] 马克平.小叶章草地枯落物的季节动态[J].植物学报，1993，10（2）：47-48.

[55] 牛花朋,李胜荣,申俊峰,等.粉煤灰与若干有机固体废弃物配施改良土壤的研究进展[J].地球与环境,2006,34(2):27-34.

[56] 裴宗平,余莉琳,汪云甲,等.4种干旱区生态修复植物的苗期抗旱性研究[J].干旱区资源与环境,2014,28(3):204-208.

[57] 申俊峰,李胜荣,孙岱生,等.固体废弃物修复荒漠化土壤的研究[J].土壤通报,2004,35(3):267-270.

[58] 沈小明.多环芳烃(菲)在土壤腐殖质中的分配及植物对其吸收的机理研究[D].南京:南京农业大学,2007.

[59] 邵林海.城市生活垃圾和污泥的土壤和作物效应[D].晋中:山西农业大学,2004.

[60] 宋国君,杜倩倩,马本.城市生活垃圾填埋处置社会成本核算方法与应用——以北京市为例[J].干旱区资源与环境,2015,29(8):57-63.

[61] 宋媛媛,邱利平,赵本淑,等.人工土壤中氮磷氯元素降雨侵蚀试验研究[J].西南大学学报(自然科学版),2015(3):132-138.

[62] 束文圣,蓝崇钰,黄铭洪,等.采石场废弃地的早期植被与土壤种子库[J].生态学报,2003,23(7):1305-1312.

[63] 苏里坦,虎胆·吐马尔白,张展羽.分根交替膜下滴灌条件下南疆棉花耗水特性与生长特征[J].农业工程学报,2009,25(6):20-25.

[64] 孙继松,雷蕾,于波,等.近10年北京地区极端暴雨事件的基本特征[J].气象学报,2015,73(4):609-623.

[65] 孙玉莲.土壤压实对根构型作用模拟的知识管理研究[D].昆明:昆明理工大学,2013.

[66] 汤惠君,胡振琪.试论采石场的生态恢复[J].中国矿业,2004,13(7):38-42.

[67] 田佳,田涛,赵廷宁,等.微立地因子植被恢复法在汶川地震植

被重建中的应用[J].中国水土保持科学，2008，6（5）：16-20.

[68] 汪彪.固体废弃物矿物组分特征及其改良土壤的实验研究[D].成都：成都理工大学，2010.

[69] 王定胜.云台山废弃塘口生态修复试验初报[J].宁夏农林科技，2011，52（2）：82-83.

[70] 王冠，陈坚.路基粗粒土抗剪强度影响因素分析[J].路基工程，2015（3）：154-157.

[71] 王美艳，李军，孙剑，等.黄土高原半干旱区苜蓿草地土壤干燥化特征与粮草轮作土壤水分恢复效应[J].生态学报，2009，29（8）：4526-4534.

[72] 王敏，赵由才.矿化垃圾生物反应床处理焦化废水研究[J].环境技术，2004，22（1）：25-28.

[73] 王文玉.半干旱地区蒸发量及有效降水的研究[D].兰州：兰州大学，2014.

[74] 王云琦，王玉杰，张洪江，等.重庆缙云山不同土地利用类型土壤结构对土壤抗剪性能的影响[J].农业工程学报，2006，22（3）：40-45.

[75] 王政权.地统计学在生态学中的应用[M].北京：科学出版社，1999.

[76] 魏孝荣，邵明安.黄土高原小流域土壤pH、阳离子交换量和有机质分布特征[J].应用生态学报，2009，20（11）：2710-2715.

[77] 吴承祯，洪伟.不同经营模式土壤团粒结构的分形特征研究[J].土壤学报，1999，36（2）：162-167.

[78] 吴世艳，周启友，杨磊.电容在土壤含水量测定中的有效性[J].中国地球物理·2009，2009：507.

[79] 夏凤毅.邻苯二甲酸酯类化合物生物降解性研究[D].杭州：浙

江大学，2002.

[80]　夏立忠，杨林章，王德建.苏南设施栽培中旱作人为土养分与盐分状况的研究[J].江苏农业科学，2001（6）：43-46.

[81]　夏星辉，陈静生.土壤重金属污染治理方法研究进展[J].环境科学，1997，18（3）：72-76.

[82]　谢亮.Photoshop像素法在计算地图面积中的应用[J].电脑知识与技术，2010，6（15）：4021-4022.

[83]　谢强.城市生活垃圾卫生填埋场沉降特性研究[D].重庆：重庆大学，2004.

[84]　熊伟.六盘山北侧主要造林树种耗水特性研究[D].北京：中国林业科学研究院，2003.

[85]　薛强，刘磊.垃圾填埋气体运移的多场耦合理论及应用[M].北京：科学出版社，2012.

[86]　许修宏，李洪涛，张迪.堆肥微生物学原理及双孢蘑菇栽培[M].北京：科学出版社，2010.

[87]　闫治斌，秦嘉海，张红菊，等.固体废弃物堆肥还田对制种玉米田理化性质和玉米产量及经济效益的影响[J].土壤通报，2011，42（6）：1314-1318.

[88]　杨德志，张雄.建筑固体废弃物资源化战略研究[J].中国建材，2006（5）：83-84.

[89]　杨慧芬，张强.固体废物资源化[M].北京：化学工业出版社，2013.

[90]　杨建伟，梁宗锁，韩蕊莲，等.不同干旱土壤条件下杨树的耗水规律及水分利用效率研究[J].植物生态学报，2004，28（5）：630-636.

[91]　杨金玲，李德成，张甘霖，等.土壤颗粒粒径分布质量分形维数和体积分形维数的对比[J].土壤学报，2008，45（3）：413-419.

[92] 杨金玲，张甘霖，赵玉国，等.城市土壤压实对土壤水分特征的影响——以南京市为例[J].土壤学报，2006，43（1）：33-38.

[93] 杨晓娟，李春俭.机械压实对土壤质量、作物生长、土壤生物及环境的影响[J].中国农业科学，2008，41（7）：2008-2015.

[94] 叶回春.北京土壤肥力及其关键要素空间变异与尺度效应研究[D].北京：中国农业大学，2014.

[95] 袁剑刚，周先叶，陈彦，等.采石场悬崖生态系统自然演替初期土壤和植被特征[J].生态学报，2005，25（6）：1517-1522.

[96] 袁光钰，匡胜利，曹丽云.我国城市垃圾填埋场降解速率的分析[J].新疆环境保护，2000，22（1）：11-15.

[97] 袁金华，徐仁扣.生物质炭的性质及其对土壤环境功能影响的研究进展[J].生态环境学报，2011，20（4）：779-785.

[98] 袁敏，铁柏清，唐美珍，等.4种草对铅锌尾矿污染土壤重金属的抗性与吸收特性[J].生态环境，2005，14（1）：43-47.

[99] 袁雯，张琪，方海兰，等.矿化垃圾混配种植介质的盆栽实验研究[J].环境污染与防治，2008，30（1）：52-56.

[100] 宇万太，沈善敏，张璐，等.黑土开垦后水稳性团聚体与土壤养分的关系[J].应用生态学报，2004，15（12）：2287-2291.

[101] 曾峰海，郑海金，丁蕾.城市生活垃圾堆肥对草坪土壤性质和草坪草生长的影响[J].江西师范大学学报（自然科学版），2007，31（1）：107-110.

[102] 曾群英，李影辉，关伟红，等.烷基化法分离混合间对甲酚联产BHT生产技术及其应用前景[J].化工科技市场，2008，31（4）：30-32，64.

[103] 张华，赵廷宁，师忱，等.抗旱保水袋性能及其在容器苗中的试验研究[J].干旱区资源与环境，2013，27（8）：181-185.

[104] 张华，赵由才. 生活垃圾填埋场中矿化垃圾的综合利用[J]. 山东建筑大学学报，2004，19（3）：46-50.

[105] 张华. 北京房山区黄院采石场松散堆积体生态修复技术研究[D]. 北京：北京林业大学，2013.

[106] 张静，张元明，周智彬，等. 古尔班通古特沙漠生物结皮影响下土壤水分的日变化[J]. 干旱区研究，2007，24（5）：661-668.

[107] 章明奎，朱祖祥. 粉粒对土壤阳离子交换量的影响[J]. 中国土壤与肥料，1993（4）：41-43.

[108] 张瑞. 北京近郊耕地土壤性质空间变异性研究及肥力综合评价[D]. 北京：北京林业大学，2015.

[109] 张万钧，郭育文，黄明勇，等. 三种固体废弃物综合利用的研究[J]. 中国工程科学，2002，4（10）：62-66.

[110] 张文杰，林伟岸，陈云敏. 垃圾填埋场孔压监测及边坡稳定性分析[J]. 岩石力学与工程学报，2010，29（S2）：3628-3632.

[111] 张艺. 北京山区森林植被结构对降雨输入过程的影响[D]. 北京：北京林业大学，2013.

[112] 张志，齐虹，刘丽艳，等. 中国生产的多氯联苯（PCBs）组分特征[J]. 黑龙江大学自然科学学报，2009，26（6）：809-815.

[113] 赵斌. 高速公路人工边坡优势植物蒸腾耗水特征研究[D]. 北京：北京林业大学，2013.

[114] 赵海涛，王小治，徐轶群，等. 矿化垃圾中的微生物区系与酶活性变化特征研究[J]. 环境污染与防治，2010，32（3）：71-74.

[115] 赵胜利，杨国义，张天彬，等. 珠三角城市群典型城市土壤邻苯二甲酸酯污染特征[J]. 生态环境学报，2009，18（1）：128-133.

[116] 赵暄，谢永生，景民晓，等. 生产建设项目弃土堆置体的类型与特征[J]. 中国水土保持科学，2013，11（1）：91-93.

[117] 赵由才，柴晓利，牛冬杰. 矿化垃圾基本特性研究[J]. 同济大

学学报（自然科学版），2006，34（10）：1360-1364.

[118] 赵由才，黄仁华，赵爱华，等. 大型填埋场垃圾降解规律研究[J]. 环境科学学报，2000，20（6）：736-740.

[119] 赵由才，龙燕，张华. 生活垃圾卫生填埋技术[M]. 北京：化学工业出版社，2004：368-369.

[120] 赵占军，韩长杰，郭辉，等. 土壤机械阻力测量方法研究现状及趋势[J]. 农业工程，2014，4（4）：10-13.

[121] 周晓萃，徐琳瑜，杨志峰. 城市生活垃圾生命周期分析及处理规划研究[J]. 中国环境管理，2011（2）：33-37.

[122] 周学武，孙岱生，房建国，等. 利用矿山固体废弃物（粉煤灰、淤泥及污泥）改良矿山退化土地及种植实验[J]. 资源与产业，2005，7（3）：61-64.

[123] 邹绍文，张树清，王玉军，等. 中国城市污泥的性质和处置方式及土地利用前景[J]. 中国农学通报，2005，21（1）：198-201.

[124] Agrawal R P, Jhorar B S, Dhankar J S, et al. Compaction of sandy soils for irrigation management[J]. Irrigation Science, 1987, 8（4）：227-232.

[125] Akbulut H, Gürer C. Use of aggregates produced from marble quarry waste in asphalt pavements [J]. Building and environment, 2007, 42（5）：1921-1930.

[126] Hussain A, Black C R, Taylor I B, et al. Soil Compaction. A role for ethylene in regulating leaf expansion and shoot growth in tomato? [J]. American Society of Plant Physiologists，1999，121（4）：1227-1237.

[127] Aina M, Matejka G, Mama D, et al. Characterization of stabilized waste：Evaluation of pollution risk [J]. International Journal of Environmental Science & Technology, 2008, 6

（1）: 159-165.

[128] Alameda D, Anten N P R, Villar R. Soil compaction effects on growth and root traits of tobacco depend on light, water regime and mechanical stress [J]. Soil & Tillage Research, 2012, 120 （2）: 121-129.

[129] Alameda D, Villar R. Linking root traits to plant physiology and growth in *Fraxinus angustifolia* Vahl. seedlings under soil compaction conditions [J]. Environmental & Experimental Botany, 2012, 79 （1）: 49-57.

[130] Alvarenga P, Mourinha C, Farto M, et al. Sewage sludge, compost and other representative organic wastes as agricultural soil amendments: Benefits versus limiting factors [J]. Waste Management, 2015 （44）: 227.

[131] Amin S K, Youssef N F, El-Mahllawy M S, et al. Utilization of Gebel Attaqa Quarry waste in the manufacture of single fast firing ceramic wall tiles [J]. International Journal of Environmental Sciences, 2011 （2）: 765-780.

[132] Ampoorter E, De Schrijver A, Van Neve L, et al. Impact of mechanized harvesting on compaction of sandy and clayey forest soils: Results of a meta-analysis [J]. Annals of Forest Science, 2012, 69 （5）: 533-542.

[133] Andrade A, Wolfe D W, Fereres E. Leaf expansion, photosynthesis, and water relations of sunflower plants grown on compacted soil [J]. Plant and Soil, 1993 （149）: 175-184.

[134] Aravena J E, Berli M, Ruiz S, et al. Quantifying coupled deformation and water flow in the rhizosphere using X-ray microtomography and numerical simulations [J]. Plant and

Soil, 2014, 376（1-2）: 95-110.

[135] Arvidsson J. Nutrient uptake and growth of barley as affected by soil compaction [J]. Plant and Soil, 1999, 208（1）: 9-19.

[136] Asady G H, Smucker A J M. Compaction and root modifications of soil aeration [J]. Soil Science Society of America Journal, 1989, 53（1）: 251-254.

[137] Ashworth D J, Alloway B J. Influence of dissolved organic matter on the solubility of heavy metals in sewage - sludge - amended soils [J]. Communications in Soil Science and Plant Analysis, 2008, 39（3-4）: 538-550.

[138] Atiyeh R M, Lee S, Edwards C A, et al. The influence of humic acids derived from earthworm-processed organic wastes on plant growth [J]. Bioresource technology, 2002, 84（1）: 7-14.

[139] Awasthi M K, Pandey A K, Bundela P S, et al. Co-composting of organic fraction of municipal solid waste mixed with different bulking waste: Characterization of physicochemical parameters and microbial enzymatic dynamic[J]. Bioresource Technology, 2015（182）: 200-207.

[140] Bassett I E, Simcock R C, Mitchell N D. Consequences of soil compaction for seedling establishment: Implications for natural regeneration and restoration [J]. Austral Ecology, 2005, 30（8）: 827-833.

[141] Batey T. Soil compaction and soil management-a review [J]. Soil Use & Management, 2009, 25（4）: 335-345.

[142] Bement R A P, Selby A R. Compaction of granular soils by uniform vibration equivalent to vibrodriving of piles [J]. Geotechnical & Geological Engineering, 1997, 15（2）: 121-

143.

[143] Bengough A G, Mullins C E, Wilson G. Estimating soil frictional resistance to metal probes and its relevance to the penetration of soil by roots [J]. European Journal of Soil Science, 1997, 48（4）：603-612.

[144] Bouwman L A, Arts W B M. Effects of soil compaction on the relationships between nematodes, grass production and soil physical properties [J]. Applied Soil Ecology, 2000, 14（3）：213-222.

[145] Cai Q Y, Mo C H, Wu Q T, et al. The status of soil contamination by semivolatile organic chemicals（SVOCs）in China：A review [J]. Science of the Total Environment, 2008, 389（2）：209-224.

[146] Cassinari C, Manfredi P, Giupponi L, et al. Relationship between hydraulic properties and plant coverage of the closed-landfill soils in Piacenza（Po Valley, Italy）[J]. Solid Earth, 2015, 6（3）：929-943.

[147] Castro-Gomes J P, Silva A P, Cano R P, et al. Potential for reuse of tungsten mining waste-rock in technical-artistic value added products[J]. Journal of Cleaner Production, 2012（25）：34-41.

[148] Canbolat M Y, Bilen S, Cakmakci R, et al. Effect of plant growth-promoting bacteria and soil compaction on barley seedling growth, nutrient uptake, soil properties and rhizosphere microflora [J]. Biology and Fertility of Soils, 2006, 42（4）：350-357.

[149] Chau H W, Biswas A, Vujanovic V, et al. Relationship between the severity, persistence of soil water repellency and the critical

soil water content in water repellent soils [J]. Geoderma, 2014, 221 (2): 113-120.

[150] Chen G, Weil R R. Penetration of cover crop roots through compacted soils [J]. Plant and Soil, 2010 (331): 31-43.

[151] Chen X W, Wong J T F, Mo W Y, et al. Ecological performance of the restored South East New Territories (SENT) landfill in Hong Kong (2000-2012) [J]. Land Degradation & Development, 2016, 27 (6): 1664-1676.

[152] Chen Z, Wang K X, Ai Y W, et al. The effects of railway transportation on the enrichment of heavy metals in the artificial soil on railway cut slopes [J]. Environmental monitoring and assessment, 2014, 186 (2): 1039-1049.

[153] Clark L J, Barraclough P B. Do dicotyledons generate greater maximum axial root growth pressures than monocotyledons? [J]. Journal of Experimental Botany, 1999, 50 (336): 1263-1266.

[154] Clark L J, Whalley W R, Barraclough P B.How do roots penetrate strong soil? [M]. Netherlands: Springer, 2003.

[155] Coppin N J. A reclamation strategy for quarrying [C] // Davis B N K. Ecology of quarries: The importance of natural vegetation. Cambridge, Natural Environ. Research Council, Inst. of Terrestrial Ecology, 1982, 67-71.

[156] Corns I G W, Maynard D G. Effects of soil compaction and chipped aspen residue on aspen regeneration and soil nutrients [J]. Canadian Journal of Soil Science, 1998, 78 (1): 85-92.

[157] Crecchio C, Curci M, Mininni R, et al. Short-term effects of municipal solid waste compost amendments on soil carbon and

nitrogen content, some enzyme activities and genetic diversity [J]. Biology and Fertility of Soils, 2001, 34（5）：311-318.

[158] Cresswell H P, Kirkegaard J A. Subsoil amelioration by plant roots, the process and the evidence [J]. Soil Research, 1995, 33（2）：221-239.

[159] Czarnecki S, Düring R A. Influence of long-term mineral fertilization on metal contents and properties of soil samples taken from different locations inhesse, Germany [J]. Soil, 2015, 1（1）：23-33.

[160] Descroix L, Viramontes D, Vauclin M, et al. Influence of soil surface features and vegetation on runoff and erosion in the Western Sierra Madre（Durango, Northwest Mexico）[J]. Catena, 2001, 43（2）：115-135.

[161] Dexter A R. Model experiments on the behaviour of roots at the interface between a tilled seed-bed and a compacted sub-soil [J]. Plant and Soil, 1986, 95（1）：135-147.

[162] Domec J C, Ogée J, Noormets A, et al. Interactive effects of nocturnal transpiration and climate change on the root hydraulic redistribution and carbon and water budgets of southern United States pine plantations [J]. Tree Physiology, 2012, 32（6）：707-723.

[163] Dong J, Chi Y, Zou D, et al. Comparison of municipal solid waste treatment technologies from a life cycle perspective in China [J]. Waste Management & Research, 2014, 32（1）：13-23.

[164] Duan W J, Ren H, Fu S L, et al. Natural recovery of different areas of a deserted quarry in South China[J]. Journal of Environmental Sciences, 2008（20）：476-481.

[165] Feng J, Zhang C, Zhao T, et al. Rapid revegetation by sowing seed mixtures of shrub and herbaceous species[J]. Solid Earth, 2015, 6 (2): 573-581.

[166] Ferree D C, Streeter J G. Response of container-grown grapevines to soil compaction [J]. Hortscience, 2004, 39 (6): 1250-1254.

[167] Filip Z, Küster E. Microbial activity and the turnover of organic matter in a municipal refuse disposed of in a landfill [J]. Applied Microbiology and Biotechnology, 1979, 7 (4): 371-379.

[168] Fleming R L, Powers R F, Foster N W, et al. Effects of organic matter removal, soil compaction, and vegetation control on 5-year seedling performance a regional comparison of long-term soil productivity sites [J]. Canadian Journal of Forest Research, 2006, 36 (3): 529-550.

[169] Foght J, April T, Biggar K, et al. Bioremediation of DDT-contaminated soils: A review [J]. Biorernediation Journal, 2001, 5 (3): 225-246.

[170] Gao Y, Zhu L. Plant uptake, accumulation and translocation of phenanthrene and pyrene in soils [J]. Chemosphere, 2004, 55 (9): 1169-1178.

[171] Garrigues E, Corson M S, Angers D A, et al. Development of a soil compaction indicator in life cycle assessment [J]. The International Journal of Life Cycle Assessment, 2013 (18): 1316-1324.

[172] Gilman E F, Leone I A, Flower F B. Effect of soil compaction and oxygen content on vertical andhorizontal root distribution [J]. Journal of Environmental Horticulture, 1987, 5 (1):

33 - 36.

[173] Glab T. Effect of soil compaction on root system development and yields of tall fescue [J]. Int. Agrophysics, 2007 (21) : 233 - 239.

[174] Gomez G A, Singer M J, Powers R F, et al. Soil compaction effects on water status of ponderosa pine assessed through 13C/12C composition [J]. Tree Physiology, 2002, 22 (7) : 459.

[175] Guerrero C, Gómez I, Moral R, et al. Reclamation of a burned forest soil with municipal waste compost: Macronutrient dynamic and improved vegetation cover recovery [J]. Bioresource Technology, 2001, 76 (3) : 221 - 227.

[176] Hafeez F, Spor A, Breuil M C, et al. Distribution of bacteria and nitrogen - cycling microbial communities along constructed Technosol depth - profiles [J]. Journal of Hazardous Materials, 2012, 231 - 232 (18) : 88 - 97.

[177] Haling R E, Brown L K, Bengough A G, et al. Roothair length and rhizosheath mass depend on soil porosity, strength and water content in barley genotypes [J]. Planta, 2014, 239 (3) : 643 - 651.

[178] Hargreaves J C, Adl M S, Warman P R. A review of the use of composted municipal solid waste in agriculture [J]. Agriculture Ecosystems & Environment, 2008, 123 (1 - 3) : 1 - 14.

[179] Hodgson J G. Botanical interest and value of quarries [C] // Davis B N K. Ecology of quarries: The importance of natural vegetation. Cambridge, Natural Environ. Research Council, Inst. of Terrestrial Ecology, 1982, 3 - 11.

[180] Hoffmann C, Jungk A. Growth and phosphorus supply of sugar

beet as affected by soil compaction and water tension [J]. Plant and Soil, 1995, 176 (1) : 15 - 25.

[181] Hussain A, Black C R, Taylor I B, et al. Novel approaches for examining the effects of differential soil compaction on xylem sap abscisic acid concentration, stomatal conductance and growth in barley (*Hordeum vulgare* L.) [J]. Plant, Cell & Environment, 1999, 22 (11) : 1377-1388.

[182] Hussain A, Black C R, Taylor I B, et al. Soil compaction: A role for ethylene in regulating leaf expansion and shoot growth in tomato? [J]. Plant Physiology, 1999, 121 (4) : 1227 - 1237.

[183] Iglesias - Jimenez E, Alvarez C E. Apparent availability of nitrogen in composted municipal refuse [J]. Biology & Fertility of Soils, 1993, 16 (4) : 313 - 318.

[184] Jeldes I A, Drumm E C, Schwartz J S. The low compaction grading technique on steep reclaimed slopes: Soil characterization and static slope stability [J]. Geotechnical and Geological Engineering, 2013, 31 (4) : 1261 - 1274.

[185] Matangaran J R, Kobayashi H. The effect of tractor logging on forest soil compaction and growth of *Shorea selanica* seedling in Indonesia [J]. Journal of Forest Research, 1999, 4 (1) : 13 - 15.

[186] Dong J, Chi Y, Zou D, et al. Comparison of municipal solid waste treatment technologies from a life cycle perspective in China [J]. Waste Management & Research, 2014, 32 (1) : 13 - 23.

[187] Karlaganis G. Swiss concept of soil protection [J]. Journal of Soils and Sediments, 2001 (1) : 239 - 254.

[188] Khaledian Y, Kiani F, Ebrahimi S. The Effect of Land Use Change on Soil and Water Quality in Northern Iran [J]. Journal

of Mountain Science, 2012, 9（6）：798‑816.

[189] Khalil A I, Hassouna M S, El‑Ashqar H M A, et al. Changes in physical, chemical and microbial parameters during the composting of municipal sewage sludge [J]. World Journal of Microbiology and Biotechnology, 2011, 27（10）：2359‑2369.

[190] Kim B I, Lee S H. Comparison of bearing capacity characteristics of sand and gravel compaction pile treated ground [J]. KSCE Journal of Civil Engineering, 2005, 9（3）：197‑203.

[191] Kong S, Ji Y, Liu L, et al. Diversities of phthalate esters in suburban agricultural soils and wasteland soil appeared with urbanization in China [J]. Environmental Pollution, 2012, 170（8）：161‑168.

[192] Konôpka B, Pagès L, Doussan C. Soil compaction modifies morphological characteristics of seminal maize roots [J]. Plant Soil & Environment, 2009, 55（1）：1‑10.

[193] Kooistra M J, Schoonderbeek D, Boone F R, et al. Root‑soil contact of maize, as measured by a thin‑section technique [J]. Plant and Soil, 1992, 139（1）：119‑129.

[194] Kristoffersen A Ø, Riley H. Effects of soil compaction and moisture regime on the root and shoot growth and phosphorus uptake of barley plants growing on soils with varying phosphorus status [J]. Nutrient Cycling in Agroecosystems, 2005, 72（2）：135‑146.

[195] Kulkarni B K, Savant N K. Effect of soil compaction on root‑cation exchange capacity of crop plants [J]. Plant and Soil, 1977, 48（2）：269‑278.

[196] Lal R, Shukla M K. Principles of soil physics [M]. Florida: CRC Press, 2004.

[197] Lesturgez G, Poss R, Hartmann C, et al. Roots of *Stylosantheshamata* create macropores in the compact layer of a sandy soil [J]. Plant and Soil, 2004, 260 (1-2) : 101-109.

[198] Le Stradic S, Buisson E, Fernandes GW. Restoration of Neotropical grasslands degraded by quarrying using hay transfer [J]. Applied Vegetation Science, 2014, 17 (3) : 482-492.

[199] Liang J S, Zhang J H, Chan G Y S, et al. Can differences in root responses to soil drying and compaction explain differences in performance of trees growing on landfill sites? [J]. Tree Physiol, 1999 (19) : 619-624.

[200] Lipiec J, Medvedev V V, Birkas M, et al. Effect of soil compaction on root growth and crop yield in Central and Eastern Europe [J]. International agrophysics, 2003, 17 (2) : 61-70.

[201] Lisk D J, Gutenmann W H, Rutzke M, et al. Survey of toxicants and nutrients in composted waste materials [J]. Archives of Environmental Contamination & Toxicology, 1992, 22 (2) : 190-194.

[202] Lukić B, Panico A, Huguenot D, et al. Evaluation of PAH removal efficiency in an artificial soil amended with different types of organic wastes [J]. Euro-Mediterranean Journal for Environmental Integration, 2016, 1 (1) : 5.

[203] Mahmoud E, El-Kader N A. Heavy metal immobilization in contaminated soils using phosphogypsum and rice straw compost [J]. Land Degradation & Development, 2015, 26

（8）：819-824.

[204] Masle J, Farquhar G D. Effects of soil strength on the relation of water-use efficiency and growth to carbon isotope discrimination in wheat seedlings [J]. Plant Physiol, 1988, 86（1）：32.

[205] Materechera S A, Alston A M, Kirby J M, et al. Field evaluation of laboratory techniques for predicting the ability of roots to penetrate strong soil and of the influence of roots on water sorptivity[J]. Plant and Soil, 1993, 149（2）：149-158.

[206] Meyer C, Lüscher P, Schulin R. Enhancing the regeneration of compacted forest soils by planting black alder in skid lane tracks [J]. European Journal of Forest Research, 2014, 133（3）：453-465.

[207] Mirzaii A, Yasrobi S S. Effect of net stress on hydraulic conductivity of unsaturated soils [J]. Transport in Porous Media, 2012, 95（3）：497-505.

[208] Misra R K, Gibbons A K. Growth and morphology of eucalypt seedling-roots, in relation to soil strength arising from compaction [J]. Plant and Soil, 1996, 182（1）：1-11.

[209] Mohee R, Boojhawon A, Sewhoo B, et al. Assessing the potential of coal ash and bagasse ash as inorganic amendments during composting of municipal solid wastes[J]. Journal of Environmental Management, 2015（159）：209-217.

[210] Mósena M, Dillenburg L R. Early growth of Brazilian pine（*Araucaria angustifolia* [Bertol.] Kuntze）in response to soil compaction and drought [J]. Plant and Soil, 2004, 258（1）：293-306.

[211] Mulholland B J, Black C R, Taylor I B, et al. Effect of soil compaction on barley (*Hordeum vulgare* L.) growth: I. Possible role for ABA as a root-sourced chemical signal [J]. Journal of Experimental Botany, 1996, 47 (4): 539-549.

[212] Mulholland B J, Taylor I B, Black C R, et al. Effect of soil compaction on barley (*Hordeum vulgare* L.) growth: Ⅱ. Are increased xylem sap ABA concentrations involved in maintaining leaf expansion in compacted soils? [J]. Journal of Experimental Botany, 1996, 47 (297): 539.

[213] Nafez A H, Nikaeen M, Kadkhodaie S, et al. Sewage sludge composting: quality assessment for agricultural application [J]. Environmental monitoring and assessment, 2015, 187 (11): 1-9.

[214] Naghdi R, Bagheri I, Basiri R. Soil disturbances due to machinery traffic on steep skid trail in the north mountainous forest of Iran [J]. Journal of Forestry Research, 2010, 21 (4): 497-502.

[215] De Neve S, Hofman G. Influence of soil compaction on carbon and nitrogen mineralization of soil organic matter and crop residues [J]. Biology and Fertility of Soils, 2000, 30 (5-6): 544-549.

[216] Nonami H, Wu Y, Boyer J S. Decreased growth-induced water potential (a primary cause of growth inhibition at low water potentials) [J]. Plant Biologists, 1997, 114 (2): 501-509.

[217] Novák J, Prach K. Vegetation succession in basalt quarries: Pattern on a landscape scale [J]. Applied Vegetation Science, 2003, 6 (2): 111-116.

[218] Omotosho O. Influence of gravelly exclusion on compaction

of lateritic soils [J]. Geotechnical & Geological Engineering, 2004, 22 (3): 351-359.

[219] Phoungthong K, Zhang H, Shao L M, et al. Variation of the phytotoxicity of municipal solid waste incinerator bottom ash on wheat (*Triticum aestivum* L.) seed germination with leaching conditions [J]. Chemosphere, 2016 (146): 547.

[220] Ponder Jr F, Li F, Jordan D, et al. Assessing the impact of *Diplocardia ornata* on physical and chemical properties of compacted forest soil in microcosms [J]. Biology and Fertility of Soils, 2000, 32 (2): 166-172.

[221] Quina M J, Soares M A R, Ribeiro A A, et al. Feasibility study on windrow co-composting to recycle industrial eggshell waste [J]. Waste and Biomass Valorization, 2014, 5 (1): 87-95.

[222] Ram L C. Cation exchange capacity of plant roots in relation to nutrients uptake by shoot and grain as influenced by age [J]. Plant and Soil, 1980, 55 (2): 215-224.

[223] Rathore V S, Singh J P, Bhardwaj S, et al. Potential of native shrubs haloxylon salicornicum and calligonum polygonoides for restoration of degraded lands in arid Western Rajasthan, India [J]. Environmental Management, 2015, 55 (1): 205-216.

[224] Safiuddin M, Jumaat M Z, Salam M A, et al. Utilization of solid wastes in construction materials [J]. International Journal of Physical Sciences, 2010, 5 (13): 1952-1963.

[225] Safiuddin M, Raman S N, Zain M F M. Utilization of quarry waste fine aggregate in concrete mixtures [J]. Journal of Applied Sciences Research, 2007, 3 (3): 202-208.

[226] Scholl P, Leitner D, Kammerer G, et al. Root induced changes

of effective 1D hydraulic properties in a soil column [J]. Plant and Soil, 2014, 381（1-2）：193-213.

[227] Sharrow S H. Soil compaction by grazing livestock in silvopastures as evidenced by changes in soil physical properties [J]. Agroforestry Systems, 2007, 71（3）：215-223.

[228] Shierlaw J, Alston A M. Effect of soil compaction on root growth and uptake of phosphorus [J]. Plant and Soil, 1984, 77：15-28.

[229] Song L, Wang Y, Zhao H, et al. Composition of bacterial and archaeal communities during landfill refuse decomposition processes [J]. Microbiological Research, 2015（181）：105-111.

[230] Sonkamble S, Sethurama S, Krishnakumar K, et al. Role of Geophysical and hydrogeological techniques in EIA studies to identify TSDF site for industrial waste management [J]. Journal of the Geological Society of India, 2013, 81（4）：472-480.

[231] Soobhany N, Mohee R, Garg V K. Comparative assessment of heavy metals content during the composting and vermicomposting of Municipal Solid Waste employing *Eudrilus eugeniae* [J]. Waste Management, 2015（39）：130-145.

[232] Souch C A, Martin P J, Stephens W, et al. Effects of soil compaction and mechanical damage at harvest on growth and biomass production of short rotation coppice willow[J]. Plant and Soil, 2004, 263（1）：173-182.

[233] Stirzaker R J, Passioura J B, Wilms Y. Soil structure and plant growth, impact of bulk density and biopores [J]. Plant and Soil, 1996, 185（1）：151-162.

[234] Tang L, Tang X Y, Zhu Y G, et al. Contamination of polycyclic

aromatic hydrocarbons （PAHs） in urban soils in Beijing, China [J]. Environment International, 2005, 31 （6）： 822 - 828.

[235] Tan X, Chang S X, Kabzems R. Soil compaction and forest floor removal reduced microbial biomass and enzyme activities in a boreal aspen forest soil [J]. Biology and Fertility of Soils, 2008, 44 （3）： 471 - 479.

[236] Tardieu F, Katerji N. Plant response to the soil water reserve： Consequences of the root system environment [J]. Irrigation Science, 1991, 12 （3）： 145 - 152.

[237] Timofeeva L M, Geizen R E. Statistical patterns of changes in the physicomechanical properties of loessal soils with surface compaction [J]. Soil Mechanics and Foundation Engineering, 1977 （14）： 181 - 184.

[238] U.S. Environmental Protection Agency （EPA） EPA/625/R - 92/013, Environmental regulations and technology-control of pathogens and vector attraction in sewage sludge [S]. EPA, Office of Research and Development, National Risk Management Research Laboratory, Center for Environmental Research Inforrmation, Chincinnati, Ohio, USA, 2003.

[239] Varma V S, Kalamdhad A S. Evolution of chemical and biological characterization during thermophilic composting of vegetable waste using rotary drum composter [J]. International Journal of Environmental Science and Technology, 2015, 12 （6）： 2015 - 2024.

[240] Veen B W, Noordwijk, Willigen, et al. Root - soil contact of maize, as measured by a thin - section technique. 3. Effects on shoot growth, nitrate and water uptake efficiency [J]. Plant and

Soil, 1992 (139): 131-138.

[241] Vocanson A, Roger-Estrade J, Boizard H et al. Effects of soil structure on pea (*Pisum sativum* L.) root development according to sowing date and cultivar [J]. Plant and Soil, 2006, 281 (1): 121-135.

[242] Wei Y, Zhao Y, Xi B, et al. Changes in phosphorus fractions during organic wastes composting from different sources [J]. Bioresource Technology, 2015 (189): 349-356.

[243] Whalley W R, Clark L J, Gowing D J, et al. Does soil strength play a role in wheat yield losses caused by soil drying? [J]. Plant and Soil, 2006, 280 (1-2): 279-290.

[244] Whalley W R, Watts C W, Gregory A S, et al. The effect of soil strength on the yield of wheat [J]. Plant and Soil, 2008 (306): 237-247.

[245] Whitmore A P, Whalley W R, Bird N R A, et al. Estimating soil strength in the rooting zone of wheat [J]. Plant and Soil, 2011, 339 (1-2): 363-375.

[246] Williams S M, Weil R R. Crop cover root channels may alleviate soil compaction effects on soybean crop [J]. Soil Science Society of America Journal, 2004, 68 (4): 1403-1409.

[247] Wolfe D W, Topoleski D T, Gundersheim N A, et al. Growth and yield sensitivity of four vegetable crops to soil compaction [J]. Journal of the American Society for Horticultural Science, 1995, 120 (6): 956-963.

[248] Wong M H, Chan Y S G, Zhang C, et al. Comparison of pioneer and native woodland species growing on top of an engineered landfill, Hong Kong: Restoration programe [J]. Land

Degradation and Development, 2016, 27（3）：500-510.

[249] Yin X. Responses of leaf nitrogen concentration and specific leaf area to atmospheric CO_2 enrichment: A retrospective synthesis across 62 species [J]. Global Change Biology, 2002, 8（7）：631-642.

[250] Yuan J G, Fang W, Fan L, et al. Soil formation and vegetation establishment on the cliff face of abandoned quarries in the early stages of natural colonization [J]. Restoration Ecology, 2006, 14（3）：349-356.

[251] Zeng F, Cui K, Xie Z, et al. Distribution of phthalate esters in urban soils of subtropical city, Guangzhou, China [J]. Journal of hazardous Materials, 2009, 164（2）：1171-1178.

[252] Zhang G, Min Y S, Mai B X, et al. Time trend of BHCs and DDTs in a sedimentary core in Macao estuary, Southern China [J]. Marine Pollution Bulletin, 1999, 39（1）：326-330.

[253] Zhou C, Xu W, Gong Z, et al. Characteristics and fertilizer effects of soil-like materials from landfill mining [J]. Clean-Soil Air Water, 2015, 43（6）：940-947.

[254] Zou C, Penfold C, Sands R, et al. Effects of soil air-filled porosity, soil matric potential and soil strength on primary root growth of radiata pine seedlings [J]. Plant and Soil, 2001, 236（1）：105-115.

附录　垃圾填埋场治理和修复案例

1. 北京市朝阳区某垃圾填埋场治理

修复时间：2015年。

污染类型：城市生活垃圾。

修复技术：填埋垃圾多级筛分及资源化利用。

　　该项目处理的非正规填埋场位于北京市朝阳区东五环外，早年主要用于填埋南磨房村周边产生的生活垃圾和建筑垃圾，垃圾堆体总共约40万m³。针对填埋场填入或堆放多年的陈腐垃圾，采取直接开挖后进行重力分选、磁选、风选等多级筛分处理，分离出腐殖土、轻质塑料垃圾、建筑垃圾、金属类可回收垃圾等成分，分别用作绿化用土、再生塑料、建筑材料和RDF等。通过对开挖后的场地进行防渗处理，避免对周边土壤和地下水造成污染，为场地的后续开发利用提供保障。

2. 北京市朝阳区某郊野公园填埋场好氧稳定化修复

修复时间：2016年。

污染类型：城市生活垃圾。

修复技术：生物反应器型填埋场高效好氧稳定化技术。

针对老旧、简易垃圾填埋场，综合运用空气注入、液体添加、气体抽出几种方式，调节填埋场堆体内温度和湿度等参数条件，实现堆体厌氧环境转变为好氧，使其转变为生物反应器型填埋场，提高垃圾中有机成分的微生物降解速率，加快填埋堆体稳定化进程，降低填埋场对周边土壤和地下水造成污染的风险。

3.陈腐垃圾填埋场综合治理案例

污染类型：陈腐垃圾。

修复技术：垃圾无害化处理及资源化利用。

安徽太和县某垃圾填埋场治理项目为目前在运行的陈腐垃圾筛分及资源化典型工程。

太和县某垃圾填埋场已填埋垃圾二十余年，占地约60亩，垃圾存量约100万m³，属于非正规垃圾填埋场地，无安全防护和监控等措施，也未采取有效措施对生活垃圾进行无害化处理，垃圾填埋场渗滤液未经处理直接排至沙颍河，存在较大的环境安全隐患。

项目前期对场地的踏勘结论为：该场地存在较大的安全隐患和环境污染风险，主要为沼气大量排放、渗滤液大量外排和下渗。

现场垃圾深处气体取样，测得甲烷的体积比为43.6%，CO_2的体积比为31.2%。这些气体溢出后不但对大气造成污染，还存在自燃、爆炸等危险。

现场渗滤液经收集后送到专业机构进行检测，重要污染参数COD平均值为2800mg/L，BOD5平均值为1750mg/L，氨氮为708mg/L，总氮平均浓度达700mg/L，各项数值均严重超标。

除此之外，填埋场还可能危及周边居民的身体健康，降低群众的生活质量。

为实现垃圾无害化处理及资源化利用，消除区域环境污染及安全隐患，保证周边居民的生活质量，根据勘察、设计和施工方案，采用止水、降水→稳定处理、渗滤液导排→挖除分选→分类资源化处理处置的综合性解决方案：首先对垃圾堆体用输氧曝气法进行稳定处理，待检测结果满足挖方条件后严格按照事先计划的挖方工艺和挖方顺序进行分层分区域的挖方施工，随后将陈腐垃圾运送至企业自行研制的分选设备——由上料、破碎、人工分选、筛分、风选、传输、打包及电控中心等各类单体设备组成的生产线，分选设备将陈腐垃圾筛分为无机骨料、腐殖土、轻质可燃物和金属及其他金属物质四大组分，最后分别对其进行资源化回收利用。

对填埋场中的渗滤液采用DTRO膜技术处理：首先进行抽排，送至企业渗滤液处理系统中的调节池，渗滤液经泵提升至渗滤液原水储罐，进行pH调节、砂滤器、保安过滤器等简单预处理后进入第一级

DTRO,经一级DTRO处理后产生的透过液进入第二级DTRO进一步处理。一级DTRO浓缩液排至浓缩液储池等待回灌处理。经第二级DTRO处理后的透过液进入脱气塔处理达标后排放,二级浓缩液返回一级DTRO合并继续处理。最终渗滤液达到国家标准后外排。

在项目运行的各个阶段对施工区域进行防尘除臭、安全防护和监测。

目前场地中的已筛分垃圾筛分率达到90%以上,气体监测设备显示未挖方区域及工作区域填埋气体均处于安全范围以内,渗滤液处理设备出水满足国家生活垃圾填埋场渗滤液处理工程技术规范(HJ564—2010),筛分出的有回收利用价值的物质均得到了回收处理,基本实现了陈腐垃圾的减量化、无害化、资源化处理。

廊坊乃自房垃圾消纳场地积存垃圾治理项目也是采用垃圾筛分资源化综合治理技术的成功案例。在上述技术框架下,结合该项目实际情况如场地位置、垃圾含水量、场地现有设备、周边可利用处理设施等重新设计实施解决方案,将陈腐垃圾进行开挖、转运、分选、分类、资源化处置。该项目垃圾存量约22.2万m^3,目前日处理量可达1000m^3,治理效果良好。

安徽太和县陈腐垃圾治理

廊坊乃自房陈腐垃圾治理